茭白

全产业链标准化生产

JIAOBAI
QUANCHANYELIAN
BIAOZHUNHUA SHENGCHAN

胡桂仙　钱永忠　童文彬　主编

中国农业出版社
北　京

图书在版编目（CIP）数据

茭白全产业链标准化生产 / 胡桂仙，钱永忠，童文彬主编. -- 北京：中国农业出版社，2024.9. -- ISBN 978 - 7 - 109 - 32457 - 2

Ⅰ. S645.2；F326.13

中国国家版本馆 CIP 数据核字第 2024JQ3367 号

茭白全产业链标准化生产

JIAOBAI QUANCHANYELIAN BIAOZHUNHUA SHENGCHAN

中国农业出版社出版

地址：北京市朝阳区麦子店街 18 号楼

邮编：100125

责任编辑：冀　刚　文字编辑：牟芳荣

版式设计：王　晨　责任校对：吴丽婷

印刷：北京中兴印刷有限公司

版次：2024 年 9 月第 1 版

印次：2024 年 9 月北京第 1 次印刷

发行：新华书店北京发行所

开本：700mm×1000mm　1/16

印张：12

字数：228 千字

定价：78.00 元

前　言
FOREWORD

　　茭白是我国的特色蔬菜，也是我国第二大水生蔬菜。全国常年栽培面积约 7.33 万公顷，主产区为浙江、安徽、上海等长江中下游地区。其中，浙江栽培面积约 3 万公顷，占全国种植面积的 41%，年产值约 30 亿元。近年来，茭白产业发展势头较好，作为产业扶贫和乡村振兴重点支持的产业，茭白已在云南、贵州、四川等西南地区开展大面积种植，由于气候和种植模式的差异，西南地区的茭白与江浙地区无缝衔接，实现错峰上市和周年供应，农民收益显著提升。

　　自 2016 年以来，浙江省农业农村厅、浙江省财政厅联合开展了特色农产品全产业链质量安全风险管控（"一品一策"）行动及浙江省农产品标准化基地建设（"一县一品一策"）行动。2021 年，为深入贯彻 2021 年中央 1 号文件精神，农业农村部启动了现代农业全产业链标准化试点工作。其中，茭白是首批 11 个全产业链标准化试点产品之一。农业农村部现代农业全产业链标准化试点工作茭白项目组在茭白产业调研、试验、研究和评估的基础上，按照绿色、安全、优质的生产目标，围绕全产业链各个环节开展研究，集成全产业链标准化生产技术，形成了茭白生产标准综合体。本书集成了编者及国内同行专家多年来的茭白研究成果，包括生产概况、品种资源、标准化生产质量控制关键点、全产业链标准体系、品质提升、质量认证、全产业链基地展示以及茭白现行有效的行业标准等附录资料共 8 部分内容。期望有助于从业者掌握茭白全产业链标准化生产技术，为农民增收、农业增效、茭白产业的高质量发展提供技术支撑。

鉴于篇幅有限，书中仅列出主要参考文献。由于编者知识和经验所限，疏漏和不足之处在所难免，敬请广大读者批评指正。

编　者

2024 年 2 月

目 录
CONTENTS

前言

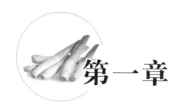

第一章

生 产 概 况

第一节 起源与分布

一、起源

茭白系禾本科菰属多年生宿根水生草本植物，别名茭笋、茭筍、茭瓜、菰笋等。种子（俗称菰米），由叶鞘包裹的拔节茎（俗称茭儿菜、野茭笋），以及被菰黑粉菌（*Ustilago esculenta* P. Henn.）寄生后其地上营养茎膨大形成的变态肉质茎（即茭白），是茭白植株产出的3种不同产品。

1. 菰米 我国最早食用菰米的历史可以追溯到2 000多年前的周朝，在此之后的古籍中有不少相关的历史记录。《周礼》中记载："凡会膳食之宜，牛宜稌，羊宜黍，豕宜稷，犬宜粱，雁宜麦，鱼宜菰。"当时"菰"作为粮食作物栽培，"稻、黍、稷、粱、麦、菰"并列为"六谷"，是我国古代主要的谷物，也是一种供奉帝王的珍贵食材。浙江省湖州市在春秋时期就有菰城之名。菰米在古代也被称为雕胡，曾是古人的重要粮食之一，有关记载较多，如李白在其《宿五松山下荀媪家》中有云"跪进雕胡饭，月光照素盘"，杜甫《秋兴八首》有"波漂菰米沉云黑"之句。南宋之后，由于菰的花期长、种子成熟期不一致、易自然脱落、产量低等原因，加之南方人口激增以及农业大开发，围湖垦田和水稻的推广面积不断扩大，菰米逐渐不再作为主要的粮食作物。

菰米的淀粉含量为60%～65%。菰米的蛋白质含量为10%～18%，是大米的2倍，其中含有18种氨基酸，且必需氨基酸含量较高。因此，菰米中的蛋白质功效高于大麦、小麦、黑麦和玉米等，更易被人体吸收利用，属于优质蛋白质。在近现代文献中，菰米作为中药材被《中药大辞典》《全国中草药汇编》《江苏省药材志》等收录。菰米经烹饪处理后，香味浓郁、营养丰富。1989年，卫生部批准菰米可作为新的食品资源。

2. 茭儿菜 有关茭儿菜的记载最早见于明朝嘉靖年间王磐的《野菜谱》："茭儿菜，生水底，若芦芽，胜菰米。我欲充饥采不能，满眼风波泪如洗。救饥：入夏生水泽中，即茭芽也。生、熟皆用。"其后文献也多有引录。相对来说，古籍中有关茭儿菜的记载不仅较少，而且较晚，但对茭儿菜的实际采食历史应远早于史料记载。1996 年出版的《中国传统蔬菜图谱》将茭儿菜列入其中，至今，湖北、江苏等地仍有初夏采食茭儿菜的习惯。

3. 茭白 在古代茭白的栽培中，人们发现有些植株不再抽穗开花，转而茎尖形成畸形肥大的菌瘿。早在西周时期，人们就发现这种菌瘿细嫩可食、口感鲜美。对茭白的食用记载最早见于秦汉间成书的《尔雅·释草》，东晋郭璞注云："蘧蔬似土菌，生菰草中，今江东啖之，甜滑。"《晋书·张翰传》记载，西晋八王之乱期间，文学家张翰在齐王司马冏手下做官时，"因见秋风起，乃思吴中菰菜、莼羹、鲈鱼脍"。这里的"蘧蔬""菰菜"均指现在的茭白。茭白有双季茭白和单季茭白之分，双季茭白的记载始见于唐代，五代韩保升记载："菰根生水中，叶如蔗、荻，久则根盘而厚。夏月生菌堪啖，名菰菜。三年者，中心生白苔如藕状，似小儿臂而白软，中有黑脉，堪啖者，名菰首也。"这里的"中有黑脉"，即指菰黑粉菌。从中可知，所谓"菰菜"产于夏季，即夏茭，而根据茭白的生物学习性可知，能产夏茭者，当为双季茭。至明朝王世懋《学圃杂疏》则明确记载了双季茭的品种，"茭白以秋生，吴中一种春生者，曰吕公茭。以非时为美。"以吕公茭为代表的双季茭品种选育成功，成为我国古代先民在茭白育种中的一大成就。由此可知，茭白的驯化栽培最早始于太湖地区。

二、分布

茭白是我国的第二大水生蔬菜，也是我国的特色蔬菜，国外仅在东南亚地区有零星栽培。我国茭白种植区域分布较广，从地域上主要分为三大产区：第一产区为华东地区，包括浙江、江苏、上海、安徽、福建、江西、台湾等；第二产区为中南产区，包括河南、湖北、湖南、广东、广西、海南等；第三产区为西南产区，包括云南、贵州、四川、重庆等。茭白全国常年栽培面积约 7.33 万公顷，其中，江浙地区的太湖流域栽培最多，浙江栽培面积约 3 万公顷，占全国茭白种植面积的 41%，年产值约 30 亿元。从茭白的种植面积和产量来看，浙江位居首位，其他依次是安徽、湖南、福建、江苏、江西、重庆和广西，2016 年各省份的茭白种植面积及产量见图 1-1。

浙江是茭白生产的第一大省，种植面积和产量位居全国首位。浙江茭白种植面积占全省水生蔬菜种植面积的 69%，占全省蔬菜种植面积的 17.59%，已成为浙江最具特色的高效经济作物之一，产品不仅销往全国各地，还出口到日本、意大利等国家。浙江有 10 个地级市种植茭白，其中：丽水市主要分布在缙云县、景宁畲族自治县（以下简称景宁县）、庆元县等；台州市主要分布在黄岩区、温岭市、临海市等；嘉兴市主要分布在桐乡市、南湖区、嘉善县等；

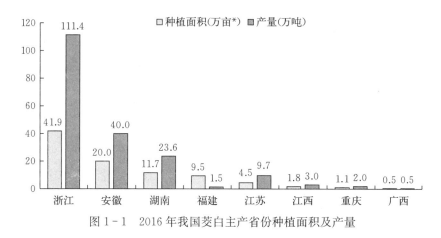

图 1-1　2016 年我国茭白主产省份种植面积及产量

宁波市主要分布在余姚市、鄞州区等；绍兴市主要分布在嵊州市、上虞区、新昌县等；金华市主要分布在磐安县、婺城区等；杭州市主要分布在余杭区、桐庐县等；湖州市主要分布在德清县、吴兴区等；温州市主要分布在文成县、乐清县等；衢州市主要分布在衢江区等地。目前，丽水市缙云县是我国茭白种植面积最大的县级行政区域，2023 年种植面积已达 0.44 万公顷，产量达 12.7 万吨，缙云县茭白种植面积占浙江省茭白种植面积的 14.83%，产量占全省茭白产量的 11.3%。缙云县的茭白技术人员、从事茭白产业的农民已超过 3.5 万人。

安徽茭白的种植面积居全国第二位，种植面积约 1.3 万公顷，产量约 40 万吨。安徽茭白种植面积在全省水生蔬菜中的规模仅次于莲藕，占全省水生蔬菜种植面积的 17.24%，占全省蔬菜种植面积的 2.17%。安徽茭白的生产主要集中在安庆市岳西县，岳西县茭白种植面积约为 0.38 万公顷。

湖南茭白的种植面积居全国第三位，种植面积约 0.78 万公顷，占全省水生蔬菜种植面积的 12.17%，占全省蔬菜种植面积的 0.57%。湖南茭白的生产主要集中在常德市、益阳市和岳阳市等。

第二节　产业现状

一、产业概况

茭白鲜嫩肥美、口感上乘，与莼菜、鲈鱼并称为"江南三大名菜"。近 20 年，茭白栽培面积不断扩大，产业蓬勃发展。以浙江为例，2023 年茭白的种

＊　亩为非法定计量单位。1 亩＝1/15 公顷。

植面积约为 41.9 万亩，比 2001 年的 30.6 万亩增长了 36.93%，产值约为 20 亿元。茭白各主产区根据自身的自然资源条件，开展了不同种植模式和配套栽培技术研究，推动了茭白产业的快速发展。在栽培技术上，已具有单季茭"薹管平铺寄秧"、单季茭一年收两茬、双季茭"两段育秧"、双季茭设施双膜栽培、节水灌溉、减药减量等绿色高效生产技术。在种植模式上，农业生产技术人员已在产业上推广应用多种模式，衍生发展出茭白与麻鸭、鱼、泥鳅、中华鳖、克氏原螯虾等多种动物套养模式，同时发展出单季茭与茄子水旱轮作，单季茭与大球盖菇轮作，春鲜食大豆、双季茭白与荸荠轮作，早稻、双季茭白与晚稻轮作，大棚西瓜与双季茭白轮作，双季茭白与长豇豆轮作，单季茭白与水芹轮作等多样化的轮作模式。

随着茭白产业的迅速发展，其病虫草害的问题也日益突出。茭白是我国的小宗作物，在茭白上登记可用的农药品种较少，在生产过程中可供选择使用的余地小，导致超范围使用和滥用农药等现象时有发生。2017 年之前，茭白上登记的药物仅有 5 种有效成分 64 个产品，包括阿维菌素、甲氨基阿维菌素苯甲酸盐、噻嗪酮、丙环唑和咪鲜胺，用于防治二化螟、长绿飞虱和胡麻叶斑病。茭农不合理地使用农药易导致药害的发生，2017 年，因孕茭期使用戊唑醇造成茭白不孕，经济损失达上千万元。近年来，农业科技工作者也针对茭白的病虫草害防治展开了深入研究，经过各方努力，至 2023 年，在茭白上登记的药物已达 12 种有效成分 72 个产品，除了缺少茭白上的锈病防治药物，已基本满足产业上的病虫草害用药需求。同时，农业科研及技术推广人员已集成茭白的生物防治、物理防治等绿色高效农业防治技术，在各地区农业农村部门的支持下，通过对栽培技术的不断创新研究，已形成"肥药两减技术"（减少化学农药的使用量、减少化肥的使用量），提高茭白产品质量安全，促进茭白产业高质量发展。

二、存在问题

近年来，茭白产业发展较快，生产主体逐渐改变了传统的种植习惯，随着产业结构的调整，人们对茭白产品的品质要求越来越高，在产业发展中，存在的问题也更加凸显。

1. 茭白的品种退化问题　种苗繁育是茭白生产的关键，茭白为无性繁殖，种苗采用分株的方法进行繁殖，种苗的好坏直接影响茭白的产量及品质。由于菰黑粉菌寄生的时间、数量和栽培管理水平等的差异，茭白品种退化严重。目前，茭农大多采用自选自繁的方式进行繁殖，由于种植水平的差异，在种株繁育上未严格按照品种的特征特性进行选种。近年来，雄茭比例增加、孕茭整齐度下降、品质差异大等问题凸显。

2. 茭白在病虫害防治上仍以化学防治为主　茭白的主要病害有锈病、胡麻叶斑病、纹枯病，虫害有二化螟、长绿飞虱、福寿螺等。虽然目前已经有防虫灯、性诱剂、种植蜜源植物、引入害虫天敌等绿色防控措施，但仍仅在少数基地应用，大部分生产基地中病虫害的防治仍然以化学防治为主，存在施药频次偏高和用药剂量偏大的问题，导致病虫的抗药性增强，产品的质量安全存在隐患。

3. 茭白田块连年种植，造成土壤退化　不论是单季茭还是双季茭，茭白田块一整年基本均处于种植状态，土地连作现象严重。地块的长期连作会引发土壤孔隙度减小、氧气含量减少、透气性差等问题。在生产过程中，化肥的过量使用也会影响土壤质量及产品品质。一直连作的茭白，由于长期淹水，也易导致土壤理化性状变差，造成茭白营养元素缺乏、茭白长势较差、分蘖减弱、叶色变淡、品质下降。

4. 茭白的生产主体老龄化问题　随着城市化发展进程的不断推进，农村的年轻劳动力不断地涌向城市，导致农业生产人员的年龄出现断层，而水生蔬菜产业是典型的劳动密集型产业，但目前从事茭白种植的生产主体年龄大多在50～70岁。虽然农业科技工作者集成了高品质茭白绿色生产相关技术标准和成果，但生产主体对新技术的理解和应用仍然有待加强。

5. 缺少机械化设施　2023年的中央1号文件指出要加快先进农机研发推广，加紧研发大型智能农机装备，丘陵山区适用小型机械和园艺机械。农业生产的发展最终还是要靠农业机械，目前茭白种植、施肥、打药、采收、加工仍然主要靠人工，由于茭白采收期不一致、种植水田淤泥多等原因，在茭白的机械化设施上开发难度较大。

三、发展建议

1. 加强种苗繁育，提高种苗质量　加强种业基础研究，培育专业化的育苗生产组织或专业户，提高现有品种的种性纯度，并不断引进优良新品种，选择适合本地的抗病虫品种，调整优化品种结构。加强对生产主体的种苗繁育技术培训，提高生产主体对种苗特征性状的识别能力。近年来，农业科技工作者也在不断地加强茭白的种苗繁育技术研究，已培育出浙茭3号、浙茭8号等优质茭白品种。

2. 推广绿色防控技术，以"防"代"治"　按照"预防为主，综合防治"的原则，根据病虫害发生规律，优先采用农业防治、物理防治、生物防治等技术，在必要时，科学精准地使用化学防治。杀虫灯、性诱剂、生物农药的科学合理使用，将大大减少化学农药的使用，提高茭白品质，保证质量安全。例如：迁飞性害虫成虫发生期选用频振式杀虫灯诱杀；螟虫成虫发生期选用昆虫性信息素诱杀；福寿螺可采用在田间插高出水面 50 厘米左右的竹片或木条的方式，引诱其产卵并销毁；采用香根草、赤眼蜂防治螟虫；采用丽蚜小蜂防治长绿飞虱；茭白田边较宽的路边和田埂边种植芝麻、波斯菊、向日葵等蜜源植物，引入害虫天敌。化学防治按照"生产必须、防治有效、风险最小"的原则，选择可以使用的农药。

3. 提倡高效生态种养模式，科学施肥 提倡茭白与茄子、大球盖菇、荸荠、水芹、瓜类等套种，减少茭白连作障碍。提倡茭白与麻鸭、鱼、泥鳅、中华鳖、克氏原螯虾等水生生物套养，以水生生物防治病虫害。测定茭白田土壤肥力状况与保肥供肥能力，推广测土配方施肥技术，根据茭白的土壤状况与生长情况科学施肥，提高肥料的利用率。

4. 加强茭白机械化生产设施研发推广 科技进步推动农业生产，机械化生产是茭白产业发展的动力和方向。目前，产业上已开发出小型的茭白删苗机、茭墩清理机、茭白翻地机等机械化生产设施，科研人员也正在不断地攻坚克难，相信在不久的将来，会有越来越多的机械化设施研发并投入生产。

5. 加强茭白全产业链标准化技术宣传推广 加强茭白全产业链标准技术培训宣传，结合不同时期农事活动，举办茭白标准化生产培训班，将技术资料转化为生产模式图、用药明白纸、管控指南、全产业链生产视频等简明化的技术资料，使生产者找得到、看得懂、学得会、记得牢、用得上，提高其农业标准化生产能力与农产品质量安全意识。标准化对于提升农产品品质、打造农业品牌、提升农产品附加值具有重要的作用，因此，实施茭白全产业链标准化生产，以高标准引领高质量发展，是生产绿色优质茭白的有力保障。

第二章

品 种 资 源

第一节　生物学特性

一、植物学特征

茭白系禾本科菰属多年生宿根水生草本植物，植株高度通常在150～260厘米，由根、茎、叶等部分组成。茭白植株受到菰黑粉菌寄生后，其分泌的细胞分裂素等内源激素刺激茎尖数节膨大成肉质茎，即供食用的茭白产品。由于长期生活在水中，故茭白植株的根、茎、叶中通气组织发达。

1. 根　茭白植株地下部分的短缩茎和匍匐茎上没有直根系，只有须根系，其主要功能是吸收养分、水分和固定植株。每个短缩茎的节上通常有10条以上须根，每个匍匐茎的节上有5～10条须根。根系正常寿命约1个月。新生根粗壮、白色，是植株主要吸收养分的器官，后渐变成黄褐色，吸收养分的能力下降，变黑后死亡。茭白的须根系主要分布在深度40厘米、横向半径60厘米以内的土壤中。茭白根系的颜色是植株长势强弱的一个指标，长势旺盛的茭白植株，其根系白根多、粗壮、根尖白色或淡黄色；而长势衰弱的茭白植株，则黑根多、瘦弱、根尖褐色或黑色。

2. 茎　茎分为匍匐茎、直立茎和肉质茎3种。

（1）匍匐茎由直立茎地下部分的腋芽萌发形成，在土壤中近水平生长，粗1～2厘米，节数可多达16节以上，翌年气温回升到5℃以上时，即萌发并向上生长，形成单生或丛生，即游茭。

（2）直立茎直立生长，包括地下部分和地上部分，其节上腋芽萌动形成分蘖。拔节前，直立茎短，节间长度多在1厘米以下，不超过3厘米。拔节后，节间长度明显变长，最长可达30厘米以上，单季茭白节间长度长，双季茭白节间长度短。直立茎生长达到9～10节时，如果养分积累充足、温度适宜，菰黑粉菌就会在直立茎顶端大量繁殖，分泌并刺激植株分泌多种内源物质，从而形成膨大的肉质茎，即可食用的茭白。休眠后，地上部的直立茎多干枯失水，失去活力，而地下部的直立茎仍保持生命力。

（3）肉质茎，即作为蔬菜食用的部分，通常 3～5 节，第一节至第三节是主要的食用部分。肉质茎的形状、节间长度、皮色、隐芽颜色等是区分茭白品种的主要指标。

3. 叶 由叶片和叶鞘两部分组成。叶鞘较厚，一般长 30～60 厘米，从土壤表面向上层层互相抱合而形成假茎。叶长披针形，互生。成熟植株叶片长 100～200 厘米，宽 3～5 厘米，具纵列平行脉。叶片和叶鞘相接处的外侧称为叶颈，也称为茭白眼，叶颈颜色也是区分茭白品种的指标之一。叶片和叶鞘相接处的内侧有一个三角形膜状突起物，称为叶舌，可防止异物落入假茎，灌水时，不能淹过叶舌。茭白叶片的主要功能是光合作用，故要想使茭白优质高产，必须保持叶片健康生长，保持一定的绿叶数。但叶片过多易致田间荫蔽，降低光合效率，诱发病虫危害，因此一般最大叶面积系数不超过 6。

4. 花和种子 体内寄生了菰黑粉菌的茭白植株，即基部能够膨大的茭白植株不开花；没有寄生菰黑粉菌的茭白植株，即野生茭白或雄茭（栽培茭白因不同原因导致其中的菰黑粉菌死亡，易形成雄茭），6—10 月抽穗开花，圆锥花序，一次枝梗的中上部小穗多为雌花，一次枝梗的中下部小穗多为雄花。种子成熟后，极易落粒，颖壳呈褐色或淡黄色。种子去颖壳即为菰米，长圆柱形，长 0.6～1.2 厘米，成熟后呈褐色或黑褐色。一般情况下，植株开花了就不能孕茭，因此在繁殖过程中应予以淘汰。

二、生育期

茭白生长发育周期，分为萌芽期、分蘖期、孕茭期和休眠期 4 个时期。

1. 萌芽期 萌芽期指茭白植株休眠芽开始萌发至长出 4 片真叶为止的一段时期。茭白萌芽前，处于休眠越冬阶段，地上茭白茎叶枯死，茭墩土壤下的直立茎和匍匐茎在土壤中越冬，翌年春季气温回升到 5 ℃以上时，利用直立茎和匍匐茎中储藏的养分，匍匐茎和直立茎节上的休眠芽先后萌发，抽生具 2～3 片芽鞘、1 片不完全叶的幼苗。随着气温回升，抽生真叶以及不定根形成新的植株。抽生真叶后，新根开始吸收营养，叶片具有光合功能。双季茭白，每个茭墩抽生 30～100 株茭苗；单季茭白，每个茭墩抽生 10～30 株茭苗。气温在 5～10 ℃时，出叶速度缓慢，每 10 天左右抽生 1 片新叶，叶片呈黄绿色；气温在 15～20 ℃时，每 7 天左右抽生 1 片新叶，叶片呈绿色。茭白出叶速度的快慢、叶面积的大小、叶色的深浅等，除与温度、光照条件有关外，还与品种、养分供应等因素有关。一般情况下，匍匐茎不同节位的芽萌动顺序是顶端芽先萌发，然后依次向后生长，长势也是顶芽最强，由此形成的分株，通常称为游茭，生产中常去除。匍匐茎萌芽的时间比直立茎早 7 天以上，匍匐茎萌发的新芽长势旺盛，明显强于直立茎萌发的分蘖芽。土壤表面以下直立茎上芽的萌动顺序是土壤下 5～15 厘米的中部芽先萌动，再按照上部、下部的顺序先后萌动，故中部芽萌发最早、质量最好。为使直立茎上的芽萌动早而整齐，冬季宜齐泥割茬，田间保持湿润或 3 厘米以下浅水。

2. 分蘖期　分蘖期是指茭白植株的真叶数从达到 4 叶龄开始，直至茭白孕茭为止的一段时期。不同茭白品种、种植环境、生态类型、肥水管理等，均会影响茭白分蘖期的长短。该时期适宜温度为 15～30 ℃。茭苗达到 4 叶龄以上时，即形成第一级分蘖；第一级分蘖达到 4 叶龄以上时，又能形成第二级分蘖。单季茭白分蘖率低，双季茭白分蘖率高。秋季，双季茭白每墩可抽生分蘖10～20 个，但生产上多保留 8 月下旬以前形成的大分蘖，栽培上通常运用人工间苗、科学施肥、搁田或灌溉 20 厘米以上深水等方法控制无效分蘖的数量，培育大分蘖，提高有效分蘖率，促进茭白优质高产；春季，老茭墩抽生的茭苗和游茭数量可达 30～100 个，甚至更多，如果留苗数量过多、过密，养分供应不集中，则茭苗细弱、孕茭率低、商品性差，故生产上通过分次间苗、定苗，除去过密、细弱的茭苗，培养大苗、壮苗。一般情况下，单季茭白每丛保留6～8 株粗壮茭苗；双季茭白，秋茭每墩保留 8～10 株粗壮茭苗，夏茭每墩保留 15～20 株粗壮茭苗。

3. 孕茭期　孕茭期指茭白植株从拔节到茭白肉质茎采收比例达到 5% 左右为止的一段时期，需 30～50 天。当茭白直立茎生长到 9～10 节时，如果光温条件适宜、养分积累充足、严格规范控制化学农药，即可实现孕茭。一般茭白品种孕茭适温为 15～25 ℃，低于 10 ℃ 或高于 30 ℃ 均不能正常孕茭。这是因为茭白植株内菰黑粉菌菌丝体的生长适温为 15～25 ℃。单季茭白，一般在短日照条件下孕茭，平原地区 9 月上旬孕茭，但在海拔 400 米以上的山区或水库下游等冷凉环境，可提前至 8 月孕茭。双季茭白，一般秋季定植，当年 10—11 月孕茭，10 月中下旬至 12 月上旬采收；经过冬季休眠，春季萌发，于翌年 4—5 月第二次孕茭，5—6 月采收。孕茭初期，植株叶色变淡，叶鞘抱合而成的假茎呈扁平状，称为扁秆。扁秆后 5～7 天，植株基部开始膨大，叶鞘上端茭白眼位置紧束，叶片长度依次递减，倒 2 叶、倒 3 叶叶颈齐平，倒 1 叶明显缩短。随着茭白肉质茎的膨大，茭肉从茭壳中露出，称为露白，此时为茭白采收适期。茭白肉质茎在孕茭期快速膨大，需要消耗大量的营养物质，应根据茭白群体发育进程而分次追肥。

4. 休眠期　当外界气温下降到 10 ℃ 以下时，茭白植株地上部长势渐缓，叶色渐黄，孕茭停滞，地上茎叶中的养分向地下直立茎、匍匐茎和根系转移，地下直立茎和匍匐茎茎节上的分蘖芽日渐充实，芽外面包被鳞片，形成保护幼芽越冬的芽鞘。当气温下降至 5 ℃ 以下时，地上部全部干枯，而分蘖芽则在土中休眠越冬。

三、适宜茭白种植的环境条件

1. 温度　在茭白的不同生长发育阶段，对温度要求差异很大。休眠期，5 ℃以下低温有利于春季茭白的正常生长及孕茭，有利于提高茭白品质。也就是说，茭白需要满足一定的需冷量，才能健康生长。苗期和分蘖期，以 10～35 ℃ 为宜。拔节期至采收期，需 30～50 天，适宜温度为 15～25 ℃；低于 5 ℃，则肉质茎表皮皱缩、顶部 1～2 节易出现水渍状冷害，品质下降；而高于 30 ℃，则肉质茎明显短缩，表皮转青，商品性下降。孕茭期如遇 35 ℃ 以上的高温天气且持续 1 周以上，会导致茭白孕茭停滞，出现大面积不孕茭等情况。孕茭期昼夜温差大，有利于茭白肉质茎的营养积累。

2. 水分　茭白作为一种水生蔬菜，不仅对水位有严格要求，而且对水的质量要求更高。首先，整个生长过程，除了分蘖盛期适当搁田控制分蘖、休眠期适当搁田有利于休眠芽充实以外，田间均宜保持一定的水位。其中，早春苗期，保持 3～5 厘米的浅水，有利于提高水温和土温，促进分蘖生长；秋季苗期保持 20 厘米左右的深水，有利于降低水温，提高种苗成活率；孕茭期和采收期，保持 10 厘米左右的水位，有利于提高茭白产量和品质。整个生长发育期的最高水位，单季茭白一般不超过 30 厘米，双季茭白一般不超过 20 厘米。茭白孕茭期和采收期，田间灌溉充足、清洁的水源有利于提高茭白品质。单季茭白和双季茭白夏季孕茭期流动灌溉 25 ℃ 以下的冷凉水，可以促进茭白提前孕茭，实现反季节生产，而且明显提高茭白品质。

3. 光照　除了茭白采收期以外，茭白生长发育的各个阶段都要求光照充足。茭白孕茭期和采收期，若光照度超过 5 万勒克斯，则易导致茭白肉质茎表皮变青、品质下降。不同生态类型的茭白植株，对光照条件的要求有明显差异。由于茭白是由菰经人工驯化而来的，而菰原为短日照植物，单季茭白依然保持了这一特性，因此只有在日照时间渐短后，才能抽生花茎，而双季茭白对日照时间长短要求不严格，只要养分积累充足，满足孕茭适宜的温度和光照度，加强肥水管理，在长日照和短日照条件下均可孕茭。

4. 营养　茭白植株高大，田间生长期长，生物产量高，需要消耗大量的营养物质，故茭白种植田块以土层深厚、土质肥沃、富含有机质、pH 5.5～7.5 的土壤为宜。茭白对氮、钾元素要求较高，磷元素适当配置，高产田块每个生长季节每亩吸收纯氮 20 千克左右，$N : P_2O_5 : K_2O$ 施用比例以（1～1.2）：0.5：1 为宜。

四、茭白类型

我国茭白栽培历史悠久，地方优良品种丰富，新品种不断涌现。茭白通常可分为野生生态型和栽培生态型两大类。根据感光性和菰黑粉菌寄生情况，栽培生态型茭白又分为以下几种。

（一）感光性

根据感光性不同，分为单季茭白和双季茭白两大品种类型。

1. 单季茭白 单季茭白又称为一熟茭，对日照长度敏感，通常在秋季日照时长渐短后才能孕茭。因此，在春季定植后，通常只在秋季采收1次，对水肥条件要求较粗放。单季茭白植株高大，分蘖力较弱，肉质茎质地紧密，适宜种植的区域较广泛。在我国，北至北京，南至广州，东至台湾，西至四川，均有单季茭白栽培和分布。浙江是单季茭白种植面积最大的省份，种植品种包括金茭1号、金茭4号、金茭5号、丽茭1号、余茭3号、美人茭、八月白等，在海拔400～1 000米的山地，以规模种植为主，在平原地区，则除了丽水市缙云县大规模种植以外，各地多以零星分布为主。

2. 双季茭白 双季茭白又称为两熟茭，对孕茭期温度敏感，对日照长度不敏感，对水肥条件要求高。一般定植当年秋冬季采收1次，称为秋茭，每亩产量750～1 500千克；翌年春、夏季采收第二次，称为夏茭，每亩产量1 500～3 000千克。双季茭白植株相对矮小，分蘖能力强，肉质茎相对于单季茭白明显粗短。双季茭白种植范围相对较窄，一般适宜在春秋季节气候暖和、空气比较湿润的环境栽培。浙江也是双季茭白种植面积最大的省份，种植品种包括浙茭3号、浙茭6号、浙茭7号、浙茭8号、浙茭9号、浙茭10号、龙茭2号、余茭4号、浙茭911、梭子茭等。

（二）寄生性

根据菰黑粉菌寄生情况不同，分为正常茭、雄茭和灰茭。

1. 正常茭 正常茭白植株长势中等。茭白苗期、分蘖期正常生长的情况下，节间数达到9～10节时，如果营养积累充足、光温条件适宜，菰黑粉菌侵染到直立茎顶端并大量增殖，菰黑粉菌自身分泌并刺激茭白植株分泌多种内源物质，促使茎尖数节形成白嫩饱满的肉质茎。

2. 雄茭 雄茭植株高大，长势旺盛，叶片宽，叶色绿，多数植株会开花，不一定结实。雄茭是因为菰黑粉菌不能寄生到茭白植株中，茭白茎尖数节不能充实和膨大，故不能形成具有商品价值的茭白。此外，在孕茭期施用某些内吸性较强的杀菌剂，可抑制或杀死已经寄生在茭白植株中的菰黑粉菌而造成人为雄茭。

3. 灰茭 灰茭基部能形成肉质茎，但因其肉质茎中充满黑色的不可食用的菰黑粉菌，通常情况下没有经济利用价值。根据最新的研究结果，灰茭可分为两类。一类孕茭期植株矮小，叶片狭小，叶色深绿，叶鞘暗绿色，直立茎短，孕茭部位接近土壤表层，肉质茎内部充满黑色的菰黑粉菌的厚垣孢子而不能食用。另一类植株高度比正常茭白高大，叶片既宽又长，叶色深绿，叶鞘暗绿色，直立茎长度与正常茭相仿，肉质茎比正常茭略小，肉质茎内充满厚垣孢子，商品性差，其植物学形态特征与正常茭白相似，在选留种过程中，要特别注意甄别。浙江大学郭得平等研究认为，产生灰茭的菰黑粉菌可能属于不同的生理小种。

第二节　茭白品种

一、单季茭白

1. 金茭 1 号　浙江省金华市农业科学研究院和磐安县农业农村局，以磐茭 98 优良变异株为材料经系统选育而成。中熟品种。植株高度 230～250 厘米，叶鞘长 53～63 厘米，叶鞘浅绿色覆浅紫色条纹，单株有效分蘖 1.7～2.6 个。壳茭重约 124 克，肉质茎竹笋形，3～5 节，长 20.2～22.8 厘米，粗 3.1～3.8 厘米，表皮光滑白嫩。在浙江中西部海拔 400～600 米的山区种植，8 月上旬至 9 月初采收，亩产量 1 200～1 400 千克。

2. 金茭 2 号　浙江省金华市农业科学研究院、浙江大学蔬菜研究所和金华陆丰农业开发有限公司等单位合作，以水珍 1 号优良变异株为材料经系统选育而成。早熟品种，持续分蘖能力强。有 2 个采收期，分别为 6 月下旬至 7 月中下旬采收，9 月下旬至 10 月中旬采收，2 个采收期之间分蘖持续抽生。植株高度约 220 厘米，叶鞘长 52～55 厘米，浅绿色。壳茭重 100～120 克，肉质茎梭形，3～4 节，长 15.9～17.8 厘米，粗 3.8～4.0 厘米，表皮光滑，肉质细嫩，商品性佳。亩产量 2 100～2 400 千克。

3. 金茭 4 号　浙江省金华市农业科学研究院和磐安县特色产业技术推广中心合作，以十月茭优良变异单株为材料经系统选育而成。中迟熟品种，较耐高温，9 月中下旬采收。植株高度约 220 厘米，叶鞘长 47～54 厘米。壳茭重 110～130 克，肉质茎竹笋形，长 16.5～18.5 厘米，粗 3.5～4.0 厘米，表皮洁白光滑，肉质细嫩，品质优良。亩产量约 1 500 千克。

4. 丽茭 1 号　浙江省丽水市农业科学研究院和缙云县农业农村局合作，以美人茭优良变异单株为材料经系统选育而成。中熟品种。植株高度约 240 厘米，叶鞘长约 58 厘米，单株有效分蘖 2～3 个。孕茭叶龄约 13 叶，壳茭重 142～178 克，肉质茎竹笋形，3～5 节，长约 17 厘米。其中，第二节纵、横径分别为 7.4 厘米和 4.6 厘米，第三节纵、横径分别为 4.8 厘米和 3.5 厘米。表皮白嫩光滑，品质好。在浙江中西部海拔 800 米以上的地区种植，8 月上旬始收，8 月下旬进入盛采期，亩产量约 1 600 千克。

5. 余茭 3 号　浙江省余姚市农业科学研究所、浙江省农业科学院植物保护与微生物研究所、余姚市河姆渡茭白研究中心等合作，以八月白优良变异单株为材料经系统选育而成。早熟品种，较耐高温，9月上旬至9月下旬采收。植株高度约220厘米，叶鞘长47~54厘米。壳茭重110~130克，肉质茎竹笋形，长16.5~18.5厘米，粗3.5~4.0厘米，表皮洁白光滑，肉质细嫩，品质优良。亩产量约1200千克。

6. 鄂茭1号 早中熟品种。植株高度240~280厘米。肉质茎竹笋形，长20~25厘米，粗3~4厘米，表皮洁白光滑，肉质细腻，微甜，壳茭重约100克。适宜长江中下游地区种植，9月中下旬上市，亩产量约1250千克。

7. 鄂茭1号 湖北省武汉市蔬菜研究所选育。植株高度240~280厘米。秋茭单季早中熟品种。壳茭重约130克，净茭重约100克。肉质茎竹笋形，长20~25厘米，粗3~4厘米，表皮洁白光滑、有光泽，肉质细腻、微甜。株型紧凑，分蘖力较弱。对胡麻叶斑病抗性较强。9月下旬至10月上旬采收，亩产量1200~1500千克。

8. 鄂茭3号 湖北省武汉市蔬菜研究所选育。晚熟品种，采收期10月下旬至11月初，植株高度约225厘米，壳茭重约120克，肉质茎笋形，长约21.0厘米，粗约3.5厘米。表皮白色、光滑，肉质致密，冬孢子堆少或无。亩产量1100~1200千克。

9. 皖茭3号 安徽省农业科学院园艺研究所选育。中熟品种，中高海拔地区种植，8月中旬至9月中下旬采收。植株高度约220厘米。壳茭绿色，上有棕褐色斑纹，壳茭重约138.5克；净茭重约95克，长约18.0厘米，粗约3.8厘米。亩产量约1400千克。

10. 美人茭 浙江省丽水市缙云县农业农村局选育。中熟品种，平原地区9月中旬至10月上旬采收。植株高度240~260厘米，叶鞘长50~60厘米，分蘖力较弱。壳茭重140~170克，肉质茎笋形，长25.0~33.0厘米，粗3.2~3.7厘米，表皮光滑白嫩。亩产量约1500千克。

11. 象牙茭 浙江省杭州市地方品种。中熟品种，9月中下旬采收。植株高度约250厘米，分蘖力中等，叶鞘绿色。壳茭重100~110克，肉质茎笋形，长18~20厘米，粗约4厘米，表皮洁白如象牙，故名象牙茭。亩产量1000~1500千克。

12. 桂瑶早茭 福建省安溪县地方品种。植株生长势较强，株型紧凑。植株高度180~210厘米，叶剑形，深绿色，长100~120厘米，宽4~5厘米；叶鞘长50~70厘米，浅绿色；壳茭绿色，壳茭重113~130克，肉茭重90~100克，纺锤形，光滑白嫩。

二、双季茭白

1. 浙茭3号 浙江省金华市农业科学研究院和金华水生蔬菜产业科技创

新服务中心合作，以浙茭2号优良变异单株为材料经系统选育而成。秋季10月中旬至11月上旬采收，夏季5月下旬至6月中旬采收。秋季植株高度约197厘米，叶鞘长约49厘米，叶鞘浅绿色间浅紫色条纹，最大叶长153厘米，宽约3.6厘米，每墩有效分蘖9.3个，平均壳茭重107.9克，平均净茭重73.2克，肉质茎长约17.4厘米，粗约4.0厘米。夏季植株高度约181厘米，叶鞘长约50厘米，最大叶长140厘米，宽约3.9厘米，平均壳茭重107.8克，平均净茭重74.6克，肉质茎长约19.2厘米，粗约3.9厘米。肉质茎膨大，3～5节，隐芽白色，表皮光滑洁白，肉质细嫩，商品性佳。全年亩产量3 500～3 800千克。

2. 浙茭6号 浙江省嵊州市农业科学研究所和金华水生蔬菜产业科技创新服务中心合作，以浙茭2号早熟优良变异单株为材料经系统选育而成。中晚熟品种。秋季10月下旬至11月下旬采收，春季露地栽培5月下旬至6月中旬采收，大棚栽培采收期提早到4月底至5月中旬。植株高大，秋季植株高度约208厘米，夏季植株高度约184厘米。叶鞘浅绿色覆浅紫色条纹，长47～49厘米。壳茭重约116克，净茭重约79.9克，肉质茎竹笋形，3～5节，以4节居多，长约18.4厘米，粗约4.1厘米，表皮光滑，肉质细嫩，商品性佳。秋茭亩产量约1 500千克，夏茭亩产量约2 500千克。

3. 浙茭7号 中国计量大学和浙江省金华市农业科学研究院合作，以梭子茭早熟变异单株为材料经系统选育而成。早熟品种，正常年份10月上旬至11月上旬采收秋茭，大棚栽培4月下旬至5月下旬采收夏茭。植株高大，株型紧凑。秋季植株高度约169厘米，叶鞘长约49.3厘米，宽约3.3厘米，每墩有效分蘖12.9个，壳茭重132.7克，净茭重约97.8克，肉质茎竹笋形，长约23.2厘米，粗约3.5厘米。夏季植株高度约166厘米，叶鞘长约43.2厘米，宽约3.8厘米，壳茭重135.6克，净茭重约98.2克，肉质茎竹笋形，3～5节，长约24.5厘米，粗约3.7厘米，表皮光滑洁白，肉质细嫩，商品性佳。中抗锈病、胡麻叶斑病。秋茭亩产量约1 350千克，夏茭亩产量约2 200千克。

4. 浙茭8号 浙江省金华市农业科学研究院和台州市黄岩区蔬菜生产办公室合作，以梭子茭早熟优良变异单株为材料经系统选育而成。早熟品种，正常年份10月中旬至11月上旬采收秋茭，露地栽培于5月初至5月下旬采收，大棚栽培则提早到4月中旬至5月上旬采收。秋季植株高度约192厘米，叶鞘浅绿色覆浅紫色条纹，叶鞘长约45.5厘米，叶长约136.4厘米，宽约3.7厘米，每墩有效分蘖10.5个，壳茭重约107.8克，净茭重约70.2克，肉质茎竹笋形，长约19.2厘米，粗约3.4厘米。夏季植株高度约151.8厘米，叶鞘长约39.1厘米，叶长约117.5厘米，宽约3.5厘米，每墩有效分蘖16.6个，壳茭重约123.7克，净茭重约85.1克，肉质茎竹笋形，3～5节，长约20.2厘米，粗约 3.5 厘米，表皮光滑洁白，肉质细嫩。中抗锈病和胡麻叶斑病。秋茭亩产量约 1 200 千克，夏茭亩产量约 2 200 千克。

5. 浙茭 9 号 浙江省金华市农业科学研究院、安徽省农业科学院园艺研究所等单位，以梭子茭优良变异单株为材料经系统选育而成。晚熟品种，适宜在高海拔地区作为晚熟双季茭白推广种植。植株高度约 192 厘米，叶鞘长约 57 厘米，呈浅红色，叶环呈绿白色，叶长约 131.0 厘米，宽约 4.5 厘米，每墩有效分蘖 11.6 个。壳茭重约 143 克，净茭重约 104 克；肉质茎呈竹笋形，表皮白嫩光滑，长约 16.5 厘米，其中基部两节长而粗，基部第一节长约 4.7 厘米，第二节长约 4.3 厘米；肉质茎粗约 4.4 厘米，其中基部第一节粗约 4.5 厘米，第二节粗约 4.0 厘米。夏茭亩产量 2 100～2 800 千克，秋茭亩产量约 1 600 千克。

6. 浙茭 10 号 浙江省金华市农业科学研究院和台州市黄岩区蔬菜生产办公室合作选育而成。晚熟品种，11 月上旬至 11 月底采收秋茭，5 月初至 5 月底采收夏茭。植株高度 182～200 厘米，叶鞘浅绿色覆浅紫色条纹，长约 50 厘米，分蘖力强。壳茭重 136～152 克，肉质茎竹笋形，个体大，多 3～5 节，隐芽白色，光滑洁白，肉质细嫩。秋茭亩产量约 1 500 千克，夏茭亩产量约 2 600 千克。

7. 龙茭 2 号 浙江省桐乡市农业技术推广服务中心和浙江省农业科学院植物保护与微生物研究所等单位合作选育而成。晚熟品种，10 月底至 12 月初采收秋茭，5 月上旬至 6 月中旬采收夏茭。植株高度 180～200 厘米，叶鞘浅绿色，长约 45 厘米，分蘖力强。壳茭重 140～150 克，肉质茎个体较大，4～5 节，色泽洁白光亮，肉质细嫩。秋茭亩产量约 1 500 千克，夏茭亩产量约 2 500 千克。

8. 崇茭 1 号 浙江省杭州市余杭区崇贤街道农业公共服务中心、浙江大学农业与生物技术学院、杭州市余杭区种子管理站等单位合作选育而成，原名杭州冬茭。10 月底至 12 月中旬采收秋茭，5 月中下旬采收夏茭。秋季植株高度约 191 厘米，每墩有效分蘖 18.0 个；夏季植株高度约 181 厘米。壳茭重约 123.5 克，肉质茎竹笋形，长约 23.3 厘米，粗约 4.4 厘米，茭体膨大，以 4 节居多，隐芽白色，表皮白色光滑，肉质细嫩，商品性佳。全年亩产量约 4 000 千克。

9. 余茭 4 号 浙江省余姚市农业科学研究所、浙江省农业科学院植物保护与微生物研究所、余姚市河姆渡茭白研究中心等单位合作选育而成。中晚熟品种，11 月上旬至 12 月上旬采收秋茭，5 月下旬至 6 月下旬采收夏茭。株型较紧凑，分蘖力强，叶色青绿，叶鞘绿色覆浅紫色斑纹。秋季植株高度约 206 厘米，叶鞘长约 44 厘米，每墩有效分蘖 13 个，壳茭重约 143.6 克，肉质茎竹笋形,长约 20.3 厘米,粗约 3.7 厘米。夏季植株高度约 216 厘米,叶鞘长约 46 厘米,壳茭重约 119.7 克,肉质茎竹笋形,膨大 4 节,长约 17.0 厘米,粗约 3.5 厘米,表皮光滑洁白,肉质细嫩。中抗长绿飞虱、二化螟和胡麻叶斑病。秋茭亩产量约 1 300 千克,夏茭亩产量约 2 700 千克。

10. 浙茭 911 浙江农业大学选育而成。早熟品种,10 月中下旬采收秋茭,4 月下旬至 5 月中旬采收夏茭。植株高度 170～190 厘米,生长势中等,分蘖力强,较耐低温。表皮光滑,茭肉洁白,品质优。秋茭亩产量 1 000～1 250 千克,夏茭亩产量 1 500～2 000 千克。

11. 鄂茭 2 号 湖北省武汉市蔬菜研究所选育而成。早中熟品种,夏茭株高 180～190 厘米,秋茭株高 240～250 厘米。肉质茎竹笋形,长 20.0～21.0 厘米,粗 3.5～4.0 厘米,表皮洁白光滑,肉质细腻,味甜。壳茭重 90～100 克。秋茭 9 月中旬上市,夏茭 6 月上市,秋茭、夏茭亩产量均可达 1 250～1 500 千克。对胡麻叶斑病有较强抗性,抗逆性较强。

12. 鄂茭 4 号 湖北省武汉市蔬菜研究所选育而成。早熟品种,株型较紧凑,植株生长势较强,植株高度约 240 厘米,分蘖力中等,孕茭率较高。肉质茎笋形,表皮光滑、白色,茎长约 20 厘米,粗约 3.5 厘米,肉质致密,无冬孢子堆,壳茭重约 100 克。秋茭 9 月上旬上市,亩产量约 1 100 千克;夏茭 5 月中旬上市,亩产量约 800 千克。

13. 皖茭 2 号 安徽省农业科学院园艺研究所选育而成。植株生长健壮、直立。5 月初至 6 月初为夏茭采收期,9 月下旬至 10 月中旬为秋茭采收期。茭壳绿色,壳茭重约 136.4 克,净茭重约 95.5 克,肉质茎长约 16.5 厘米,粗约 4.0 厘米,表面光滑有光泽,肉质细嫩。亩产量约 2 800 千克。

14. 梭子茭 浙江省杭州市地方品种。中熟品种,10 月下旬至 11 月中旬采收秋茭,露地栽培 5 月下旬采收上市春茭,大棚栽培,采收期可提早到 4 月下旬。植株高度 200～220 厘米,生长势较强,分蘖中等。壳茭重 110～130 克,净茭重 80～85 克,肉质茎长 16～18 厘米,表皮光滑洁白,肉质细嫩。秋茭亩产量 1 200～1 300 千克,夏茭亩产量 1 500～2 000 千克。

15. 中秋茭 江苏省地方品种。植株高度 235～240 厘米,分蘖力和生长势中等。秋茭 9 月下旬至 10 月上旬上市,夏茭 5 月下旬至 6 月上旬上市。肉质茎长条形,长 30.0～35.0 厘米,粗 3.0～3.5 厘米,壳茭重 90～100 克,表皮白色,不易变绿,略皱,组织较疏松,品质一般。叶鞘不易开裂。秋茭亩产量约 850 千克,夏茭亩产量约 3 000 千克。

第三章

标准化生产
质量控制关键点

第一节　种苗繁育

一、单季茭白直立茎寄秧繁育技术

长期以来，茭白一直采用分墩繁殖和分株繁殖两种育苗技术。2010年后，浙江省丽水市缙云县壶镇镇、前路乡一带茭白种植户，利用茭白直立茎（薹管）腋芽的分蘖特性，摸索出一种直立茎寄秧繁育新技术。运用该技术，茭白种苗纯度可以达到98%以上，繁殖系数提高200%以上。由于优选种株，茭白采收期更加集中，品质、产量和效益显著提高。

1. 育苗田选择　要求选择交通便利、水源充足、光照充足、土层深厚、土壤有机质含量丰富、前作为非茭白的田块作为育苗田。育苗田宜设在生产大田附近，以减少运输成本。一般育苗田与大田面积比例为1∶（8～10）。育苗前1～2天，施基肥后翻耕、整平田块，育苗田畦宽1.2～1.5米，沟宽30～40厘米，沟深20～25厘米，畦沟内水位与畦面相平。

2. 种墩选择　茭白采收进度达到10%～30%时选择种墩。入选种墩要求符合本品种的主要特征特性，孕茭率高且成熟期集中，肉质茎商品性优良，无灰茭和雄茭。

3. 直立茎采集　直立茎采集、排种时间因地而异。海拔500米以上的山区，可在8月下旬至9月下旬采集直立茎，平原地区则以10月上中旬采集为宜。一般在茭白采收进度达到10%、30%、50%时分批采集直立茎，确保直立茎成熟而腋芽未明显伸长。采集时，从土壤以下0～3厘米处，带有部分须根的部位割断直立茎，剥除叶鞘，即可排铺到育苗田畦面。

4. 育苗田管理　把备好的直立茎横放于畦面，排放间距3～5厘米，首尾相接，直立茎腋芽朝向两侧，用手轻轻按压使其上表面与畦面齐平，直立茎表面覆盖薄层混合磷肥的细土。育苗前期保持畦沟水齐平畦面，畦面不积水，5～7天后腋芽萌发并抽生根系。苗高3～5厘米后灌水，使畦面保持1～2厘米浅水层。9月中下旬繁育的直立茎，当植株高度10～15厘米时，割叶促进再生。一般苗高30～40厘米即可起苗定植。定植前，秧苗预防病虫害1次。

5. 大田定植 单季茭白定植主要有两种方式。一是年前定植，主要适用于平原地区促早栽培，在11月中下旬以前完成定植，冬季气温下降到0℃以下时，田间灌溉5～10厘米水层越冬。二是年后定植，多采用宽窄行定植，宽行80厘米，窄行60厘米，株距30～40厘米，每丛1～2株，每亩定植3 000丛左右。

二、双季茭白"带茭苗"二次繁育技术

双季茭白常规繁育方式，主要是分株繁殖，即春季茭墩萌发大量分株后，单株扩繁。该技术雄茭、灰茭等变异株的比例可达10%～20%，不利于产业可持续发展。20世纪90年代后，浙江省台州市黄岩区种植户开始采用"带茭苗"留种繁殖，有效提高种苗纯度，但因其在茭白孕茭初期（即茭白销售价格最高的时期）选苗留种，导致用种成本极高。近年来，为了提高种苗繁育效率，节约生产成本，台州市黄岩区集科研人员、推广人员和广大种植户的智慧，结合"带茭苗"和常规育苗技术的优点，研究形成了双季茭白"带茭苗"二次繁育技术。

1. "带茭苗"选留

（1）露地留种。设施栽培模式，茭白孕茭期环境温度过高，极易诱发植株变异，灰茭、雄茭比例过高。因此，茭白留种田必须为露地，若在气候冷凉的山区、半山区露地留种和繁殖，更有利于提高茭白种苗质量。

（2）选留种墩。夏茭采收进度达到20%～30%时选留种墩。留种茭墩的植株应符合本品种的典型特征，生长较整齐，孕茭较早且集中，结茭部位较低，肉质茎粗壮饱满，表皮光洁白嫩。选留时间因品种熟性、留种地域而异，如浙茭7号、浙茭8号等早中熟双季茭白品种，浙江东部沿海地区宜在4月上中旬选留种，浙江中部地区宜在5月上旬选留种，浙江北部地区宜在5月中旬选留种；龙茭2号、浙茭3号等中晚熟双季茭白品种，东部沿海地区宜在4月中下旬选留种，浙江中部地区宜在5月中旬选留种，浙江北部地区宜在5月下旬选留种。

2. 种株选择 在优选的种墩中，选择已孕茭（大拇指般大小）且茭壳白净、饱满的茭株留种。每墩留3～4个种株。如果每个种墩全部留作种株或留苗数过多，则因植株间密度过高，导致茭苗瘦弱，种苗质量和成苗率严重下降。

3. 茭苗管理

（1）标记。种株选定后，插牌或叶片打结做记号，避免误拔。

（2）削土促蘖。台州市黄岩区一带的种植户，为了改善茭白品质，提高茭白产量，多在茭白孕茭期分次培土护茭，因此在选定种株后，需要及时挖除植株基部覆盖的土壤，促进分蘖抽生。

（3）降低水位。田间水位应低于茭白基部腋芽萌发的位置，避免夏季水温过高伤害分蘖芽。

（4）分次割叶。第一次割叶，种株壳茭稍老化且其他植株均孕茭后，在叶颈上方约 20 厘米处割叶，促使种株叶片向外开张，有利于叶腋分蘖抽生。分蘖长约 5 厘米时进行第二次割叶，在主茎上方约 20 厘米处割叶，促使茭壳向外伸展，有利于分蘖生长发育并减轻病虫危害。注意，如割除位置过低，则易诱发茭肉腐烂，降低出苗率和成活率。

（5）施肥。第一次割叶前 3 天，每亩施复合肥 10～15 千克，促进种株根系生长。

4. 寄秧 为提高繁殖系数，分蘖苗高约 30 厘米时，移栽到寄秧田集中管理。寄秧密度为 50 厘米×50 厘米，田间保持 3～5 厘米浅水。

5. 秋季筛选

（1）定植。一般 6 月下旬至 7 月中旬定植。根据品种不同，选择适宜的种植时间和种植密度。一般秋季早熟品种，6 月下旬至 7 月初定植；秋季中熟品种，7 月上旬定植；秋季晚熟品种，7 月中旬之前定植。每穴定植种苗 1～2 株。如"带茭苗"分蘖较多、较粗，则分株后定植。

（2）选茭墩。秋季采收盛期，选择符合本品种典型特征特性、孕茭节位低、孕茭率高、采收时间集中的茭墩，叶片打结做记号。采收茭白时，若发现茭白商品性较差，甚至出现灰茭、雄茭时，应及时挖除。

6. 扩繁

（1）寄秧管理。留种用的茭墩，在萌芽前（即 1 月中旬至 2 月上旬），带泥挖出移放到寄秧田块，保持秧田土壤湿度。等茭苗高度达到 20 厘米左右时，再分墩繁殖。

（2）分次扩繁。一般分两次扩繁。第一次分墩扩繁，苗高 20 厘米左右，每墩分成 7～8 小墩，每小墩保留 4～6 株种苗，密度 40 厘米×50 厘米。第二次分苗扩繁，在苗高 50 厘米左右时进行，分苗前先割叶，保留 30 厘米左右叶鞘，提高茭苗成活率，3～4 株种苗为一丛，密度 60 厘米×60 厘米。6 月底至 7 月中旬分株定植，定植前 3～4 天再次割叶，保留 25～30 厘米叶鞘，有利于减轻病害。

（3）肥水管理。第一次分墩扩繁前 10 天，每亩施复合肥 15 千克，促进植株生长；分墩移栽后约 10 天，每亩施复合肥 15～17.5 千克。分墩扩繁期间，田间保持 3～5 厘米浅水。

（4）壮苗标准。植株粗壮，每株含绿叶 5～7 片，白根较多且粗短，无病虫害。

7. 注意事项

（1）"带茭苗"选留时期。茭白种苗易变异，选留种苗时间节点以采收初期为宜。

（2）"带茭苗"选留位置。若选择"带茭苗"基部壳外茎节所抽生的分蘖苗作种苗，当年秋季灰茭较多，"不孕株"比例也明显增加，影响种苗纯度。因此，在留种时，宜留"带茭苗"左右两片外壳叶腋抽生的分蘖作种苗，可有效提高种苗纯度。

（3）经过两次扩繁，茭白种苗活力更强，种植后成活率高。

三、双季茭白直立茎繁育技术

双季茭白直立茎繁育技术是在单季茭白直立茎寄秧繁育技术基础上发展形成的。夏季，双季茭白直立茎极短，不适宜采集育苗；秋季，直立茎相对较长，地上部分直立茎节间长 1～5 厘米，适宜采集利用。从地下 0～2 厘米处割除直立茎，既不会对秋季及翌年夏季茭白生产造成影响，种苗纯度可达 98% 以上，又可以节约留种茭墩，是一项一举多得的实用新技术。

1. 种墩选择　选用夏季"带茭苗"扩繁的种苗，雄茭比例极低，故重点甄别灰茭即可。秋季茭白采收进度达到 20%～30% 时，仔细甄别灰茭茭墩，去除基部色泽偏暗、结茭部位偏低的茭墩；同时，去除长势过旺的茭墩，选取符合优良品种主要特征特性的茭墩作种墩。

2. 作畦　选用前作为水稻的田块，提前 1～2 天施肥，翻耕作畦。每亩施用复合肥 10 千克、腐熟有机肥 500 千克，翻耕作畦，畦宽 120 厘米，沟宽 40 厘米，沟深 20 厘米，畦面平整，畦沟内保持约 15 厘米水层。

3. 采集　选择腋芽未明显伸长的直立茎，从土壤表面以下 0～2 厘米处割断，剥除叶鞘，去除受到病虫危害的直立茎。

4. 排种　育苗田要求土壤松软而不积水，直立茎整齐排放于畦面，间距 2～3 厘米，首尾相连，隐芽朝向两侧，轻压，使直立茎上表面与畦面齐平。

5. 秋冬季管理　茭苗高度达到 5～7 厘米时，覆盖稀薄泥土 1 厘米；苗高 10 厘米左右时，畦面保持 5 厘米浅水层，并预防病虫害 1 次；苗高 30 厘米或气温下降到 5℃以下时，搭建小拱棚，并覆盖 1 厘米细土保护根系；气温下降到 0℃以下时，灌水 5 厘米护苗越冬。

6. 春夏季分次繁殖　该技术与双季茭白二段育苗技术相仿，一般分苗两次。

（1）春季育苗田的苗高 30～40 厘米时，分株移栽。移栽前 3 天，预防病虫害 1 次；繁殖田则每亩施用复合肥 10 千克后翻耕整地，田间保持 5～10 厘米浅水，备用。移栽前，保留 5 厘米以上叶鞘割叶，单株定植，行距 50 厘米，株距 30 厘米，田间保持 5～10 厘米水层。返青成活后，浅水管理，每亩行间施用腐熟有机肥 250 千克。分蘖前，每亩施用尿素 10 千克、氯化钾 5 千克。分蘖期，预防病虫害 1 次。

（2）到 5 月中旬，再次分株繁殖，田间管理要求同上。双季茭白"带茭苗"繁育和直立茎繁育均可以有效提高茭白种苗质量，但二者各有侧重。其中，"带茭苗"繁育侧重于夏季熟性和品质等优良性状的选择，秋季直立茎繁育侧重于秋季茭白品质及去除灰茭、雄茭变异株，分次繁殖技术则在巩固茭白种苗质量的前提下，快速提高种苗繁殖系数。综合运用"带茭苗"繁育、直立茎繁育和分次繁殖技术，形成双季茭白种苗繁育新技术，在正常管理情况下，两年之内品种纯度仍可保持在 98% 以上。

四、茭白引种注意事项

1. 选择规范的育繁种单位　茭白种苗繁育技术及质量，直接关系到茭白品种纯度。在引种时，建议到茭白品种选育单位、茭白专业合作社及家庭农场引种。

2. 适宜的引种时间　以休眠期引种为宜，因为休眠期的潜伏芽未萌动，途中运输对茭白种苗损伤小。

3. 夏季高温季节引种注意事项　夏季环境温度高，长途运输极易缺氧、发热，导致叶片发黄甚至腐烂，建议采用冷链运输或者严格控制途中运输时间，减少运输过程中对种苗的损伤。

第二节　栽培管理

一、山地茭白栽培

山地茭白栽培是利用大气对流层温度垂直变化的规律和山区昼夜温差大的特点，促进茭白提早孕茭，提高茭白品质，实现与平原地区茭白错峰上市，种植效益突出。浙江海拔 500～1 000 米的山区夏秋季气温比平原地区低 3～6 ℃，田间水温低 5～8 ℃，可提前达到寄生在茭白植株中菰黑粉菌的增殖温度，孕茭及采收时间可提早 1 个月以上，与平原地区双季茭白、单季茭白错开采收上市时间。而且，由于山区昼夜温差大、环境湿度高，因此非常有利于高品质茭白生产。2000 年以来，该项技术首先在浙江、安徽等山地资源较丰富的省份推广应用，单季茭白在 7—9 月蔬菜淡季上市，产品供不应求，效益优势明显。浙江省磐安县、缙云县、景宁县和新昌县，安徽省岳西县、金寨县均发展成为山地茭白大型规模种植基地，带动种植户生产致富，精准助力产业脱贫。近5年，浙江种植能手把该项技术成果推广到云南、贵州、四川等海拔800～1 500米的山区。因为上述地区夏季气温更低、采收时间更早，均取得了良好的种植效益，为我国西部高海拔地区产业脱贫作出了重要贡献。

1. 田块选择　选择海拔500米以上、光照充足、土地平整、土层深厚、有较丰富水源的田块种植茭白。

2. 整地施肥　山地茭白田间生长期长、生物产量高，故整地时须施足基肥。基肥以有机肥为主，可促进茭白肥大鲜嫩，提高产量，改善品质。一般结合冬季深耕晒垡，每亩施新鲜熟石灰50千克。种植前2～3天，每亩施碳酸氢铵40～50千克、钙镁磷肥20～25千克，深翻20～25厘米，整平土地，做到田平、泥烂、肥足。整地后，灌水5～10厘米备用。

3. 品种选择　浙江山地茭白主栽品种，以熟期较早、品质优、产量高、抗病性强的单季茭白品种为主，包括金茭1号、丽茭1号、美人茭、象牙茭等。安徽省岳西县山地茭白基地，除种植单季茭白以外，还推广种植了浙茭2号、浙茭6号、浙茭7号、龙茭2号和鄂茭2号等双季茭白品种，6—7月上市，每亩种植收益可达1万元左右。本部分仅介绍单季茭白山地栽培技术。

4. 种苗培育　单季茭白采收进度达到10%～30%时，选择种墩。入选种墩要求符合本品种主要的特征特性。海拔500米以上的山区，9月中下旬采集直立茎，平铺育苗。一般苗高30～40厘米即可定植，或翌年4月定植。冬季气温下降到0℃以下时，田间保持约5厘米水层越冬。

5. 适时定植　单季茭白种植模式，主要包括秋季育苗春季定植和春季直接定植两种模式。秋季采集直立茎时间，海拔500米以上的山区以9月中下旬为宜，平原地区以10月中下旬为宜，秋冬季田间保持3～5厘米浅水越冬，翌年4月气温回升到12～15℃时定植。定植时，挖出茭白种苗或种墩，分株或分墩定植，每丛基本苗数3～4株，随挖、随分、随种。宽窄行定植，宽行80～90厘米，窄行50～60厘米，株距30～40厘米，根系入土宜浅。

6. 田间管理

（1）科学施肥。定植后7～10天，及时施用缓苗肥，每亩施复合肥15～20千克、腐熟油菜籽饼肥100千克或腐熟有机肥500～1 000千克。分蘖初期施用促蘖肥，每亩施尿素10千克、复合肥20千克，促进植株生长和培育大分蘖，提高有效分蘖比例。每墩粗壮分蘖数达到6～8个后，控制肥料施用，抑制无效分蘖的形成，改善田间通风透光条件，减轻锈病、纹枯病、胡麻叶斑病等危害。分蘖后期，根据田间长势，追施壮秆肥1～2次，每次每亩施用复合肥10～15千克，不宜过多，目的是既防止植株早衰，又控制无效分蘖数量。当50%～60%茭墩孕茭以后，施用膨大肥1～2次，促进肉质茎膨大。每次每亩施复合肥 20～30 千克。施用膨大肥，应掌握好时间：施用过早，茭白尚未孕茭，易导致徒长，推迟孕茭和采收；施用过迟，则不能满足孕茭期对养分的需要，不利于优质高产。施肥时，田间宜保持浅水，提高肥效。

（2）水分管理。茭白水分管理，一般遵循"浅-深-浅"的原则。定植后至分蘖中期，田间保持 3～5 厘米的浅水，有利于提高土温，促进发根和分蘖。植株封行后，田间保持湿润。孕茭初期，利用山地冷凉水流动灌溉，促进茭白孕茭，孕茭采收期田间保持 10～15 厘米深的水位为宜。采收后，田间保持浅水越冬。

（3）及时间苗。一般当苗高 40～50 厘米时间苗。间苗时，遵循"去密留稀，去弱留壮，去内留外"的原则，及时去除瘦弱苗和多余苗，每丛保留 6～8 个大分蘖。田间发现特别高大粗壮或明显低矮的茭苗，极可能是变异植株，应及时剔除，并注意补苗。茭白分蘖后期，及时剥除植株基部病叶、老叶和黄叶，改善通风透光条件，促进孕茭，改善品质。

（4）老茭田管理。单季茭白田间生长期长，需肥量大，消耗地力较多，故多年连作会影响茭白的产量和品质，种苗更容易退化，推荐每年翻耕 1 次，重新定植。对于确实需要连作的田块，可采用隔行换茬，即在上一季茭白行间保留茭苗，老茭墩则踩踏入土作为有机肥还田。其他管理同新栽茭田。

（5）除草。茭白行间距较宽，有利于杂草生长，可以通过套养麻鸭或施用除草剂等去除杂草。

① 茭田养鸭：单季茭白田间生长期长，较适宜套养麻鸭，控制田间杂草危害，减少农药和肥料的施用。一般于 5—6 月茭白大分蘖达到计划苗数后，每亩放养单羽重 250 克以下的麻鸭 10～15 只。

② 化学除草：新种植田块，茭白定植前 3 天，每亩施用 36% 吡嘧·丙草胺 60～80 克，田间保持 3～5 厘米的浅水 7～10 天，可以有效地控制杂草。

7. 适时采收 山地茭白采收时间因海拔及品种而异。浙江省丽水市景宁县大漈乡和缙云县大洋镇等海拔 800 米以上的山区，一般于 7 月中旬至 9 月初采收；浙江省磐安县尖山镇、新昌县回山镇等海拔 500 米左右山区则在 8 月上中旬至 9 月中旬采收。茭白植株上部 3 片叶叶枕基本齐平、心叶短缩、茭白肉质茎稍露出时采收，以确保茭白质量。

二、单季茭白冷水灌溉栽培

茭白孕茭适温为 15～25 ℃，当夏季气温超过 30 ℃时，不能正常孕茭。根据茭白这一生育特性，在植株营养积累较充分的前提下，即使外界气温超过 30 ℃，持续流动灌溉 20 ℃以下水库冷水，也能满足菰黑粉菌增殖和肉质茎生长发育的温度要求，仍然可以实现孕茭，而且冷凉水流动灌溉区产出的茭白，表皮光滑，肉质细嫩，口感甜脆，商品性非常突出。近年来，随着水资源主要功能的改变，农田灌溉水多改为饮用水，各地用于农田灌溉的冷凉水明显减少，单季茭白冷水灌溉栽培模式的种植规模有所缩减。

1. 田块选择 选择在蓄水量 1 000 万米³ 以上水库下游，7—9 月能满足 15～20 ℃冷水串灌条件的田块种植冷水茭白。

2. 品种选择 选择优质高产单季茭白品种，如金茭 2 号、象牙茭、八月白、美人茭等。

3. 育苗移栽 茭白采收进度达到 10%～30% 时，选择种墩。入选种墩要求符合本品种主要的特征特性。采集的直立茎剥除叶鞘即可排铺到预留的秧田。种苗高度达到 10～15 厘米时，割叶促进再生。

4. 科学施肥 冷水茭白大田生长期较短，结茭时间早，故应重施基肥、早施追肥，促进茭白早发棵、育壮苗。茭白苗定植前 2～3 天，每亩施碳酸氢铵 50～80 千克、钙镁磷肥 25～40 千克，深翻 20～25 厘米，整平土地，做到田平、泥烂、肥足。整地后，灌水 5～10 厘米备用。定植后 10 天，结合耘田除草，每亩施复合肥 15～20 千克、腐熟油菜籽饼肥 100 千克或腐熟有机肥 500～1 000 千克，促进早分蘖、育大蘖，提高有效分蘖率。每墩粗壮分蘖数达到 6～8 个时，及时控制肥料施用，抑制无效分蘖，改善田间通风透光条件，减轻病害发生。根据田间长势，补施壮秆肥 1～2 次，每次每亩施用复合肥 10～20 千克，不宜过多，严格控制无效分蘖数量。

5. 适时灌水 冷水茭白定植至分蘖盛期，田间水位宜保持相对稳定，水位以 5 厘米左右为宜，田间水位浅、不经常流动，有利于提高田间水温，促进分蘖生长。当粗壮分蘖数达到计划苗数的 120% 左右，搁田 10～15 天，控制植株长势，抑制无效分蘖，直至粗壮分蘖的 3 片新叶叶枕间距明显缩短、基部呈扁平状时，开始流动灌溉冷水。冷水灌溉时间与茭白上市时间密切相关，一般取决于两个方面，即茭白植株生长发育进程和计划采收时间。正常气候条件下持续灌溉冷水 30 天左右即可采收茭白。冷水茭白采收时间要避开 7 月中旬至 8 月中旬高温季节，因为这一时期气温过高，即使冷水灌溉，茭白肉质茎发育仍然会受到抑制，导致茭白品质和产量下降。因此，茭白采收上市时间以 7 月上中旬、8 月下旬至 9 月中旬为宜，冷水灌溉以 6 月上旬或 7 月下旬为宜。进入大田的冷水温度以 15～20 ℃为宜，水深 10～20 厘米，既可抑制植株的无效分蘖，又有利于菰黑粉菌增殖，从而促进茭白孕茭和肉质茎发育。

6. 冷水管理 串灌冷水要做到匀、满、勤。匀，即要求整个大田冷水要均匀流动，田间水温保持一致，有利于茭白集中孕茭。满，即要求田间冷水保持较大的流量，水深 10～20 厘米。串灌冷水期间，流进茭田的水温宜在 15 ℃以上，若水温低于 15 ℃，可适当减少进水量，降低田间水位；流出水温宜在

22 ℃以下。勤，即要求灌溉冷水期间勤检查，避免突然停水、漏水，影响正常孕茭。

7. 及时采收　冷水茭白采收时期一般在 7 月上中旬或 8 月下旬至 9 月中旬，当茭白植株上部 3 片叶叶枕基本齐平、心叶短缩、茭白肉质茎稍露出时采收。由于正值高温天气，采收过迟易导致茭白肉质茎表皮发青，品质明显下降，故应及时采收，宜隔天采收 1 次。

三、双季茭白简易覆膜栽培

双季茭白简易覆膜栽培是一项投入成本低、促早效果好、产值增加明显的实用新技术。该技术首先在浙江省嘉兴市桐乡市一带推广应用，茭白采收时间可提早 10 天左右，尤其对于夏季晚熟品种，运用该技术可有效避免夏季高温导致的孕茭率过低等问题，增产增收效果突出。目前，该技术已在浙江双季茭白种植基地推广应用。

1. 品种选择　根据市场特点和消费习惯，针对性地选择双季茭白优良品种。目前，浙江主栽夏季早熟双季茭白品种包括浙茭 7 号、浙茭 8 号、浙茭911 等，夏季中熟双季茭白品种包括浙茭 6 号、崇茭 1 号、浙茭 2 号等，夏季晚熟双季茭白品种包括浙茭 3 号、浙茭 10 号、龙茭 2 号、余茭 4 号等。

2. 大田准备　新种植茭白的田块应提前 20 天施用基肥，每亩施用商品有机肥 1 000～1 500 千克或腐熟油菜籽饼肥 100～150 千克、碳酸氢铵 50 千克、钙镁磷肥 25 千克，翻耕备用。利用种植前这段时间灌水养绿萍，有利于降低水温，净化水质，提高种苗成活率。若改用缓释肥，则每亩一次施入缓释复合肥［N∶P∶K＝(20～25)∶(5～8)∶(18～20)］50～60 千克，至采收期再施用采茭肥。连作田块在定植前 5～7 天施用基肥，基肥和追肥施用量减半。

3. 种苗繁育　夏季精选"带茭苗"，秋季精选直立茎，并通过分次繁殖，培育优良茭白种苗。繁种的种墩，要求在露地栽培的田块中，当茭白采收进度达到 10％～30％时，选择符合本品种主要特征特性的茭墩。在分次扩繁过程中，要注意去除匍匐茎，提高种苗质量。

4. 秋茭栽培

(1) 适时定植。应根据品种秋季熟性确定定植时间。浙茭 7 号、浙茭8 号、浙茭 911 等秋季早熟双季茭白品种，宜在 6 月底至 7 月初定植；浙茭 2 号、浙茭 6 号等秋季中熟双季茭白品种，宜在 7 月上旬定植；浙茭 10号、龙茭 2 号、余茭 4 号等秋季晚熟双季茭白品种，宜在 7 月中旬定植。定植前保持水位 10～15 厘米，检查田间绿萍生长情况，以绿萍长满田块为宜。

(2) 种植密度。早熟双季茭白品种，行距 100 厘米，株距 50 厘米；中晚熟双季茭白品种，行距 110 厘米，株距 60 厘米。单株定植，根系入土 10 厘米左右即可。

（3）分蘖前管理。定植后 10～15 天种苗成活返青，轻搁田 5～7 天，促进植株抽生新根、萌发新芽，1 周后及时灌水 5～10 厘米。其中，新种植田块，分蘖前期不建议搁田，达到有效分蘖数后再搁田为宜。

（4）分蘖期管理。搁田灌水后 3 天左右，施用促蘖肥。施肥前，水位下降到 5～10 厘米，每亩施尿素 5 千克、复合肥 10 千克。间隔 10～15 天，每亩施复合肥 20～30 千克，促进早分蘖，培养大分蘖，并预防病虫害 1 次。每墩有效分蘖达到 12～15 株，灌水 20～25 厘米或搁田控制无效分蘖。1 周后，田间水位保持在 10 厘米左右。该时期，通过严格控制施肥量来达到控制无效分蘖的目的。以后，看苗适当补肥。分蘖肥一般要求在定植后 40 天内分两次施用，早熟品种在定植后 40 天左右割除主茎，培养大分蘖。根据田间植株长势，及时安排人工剥除病叶、老叶和黄叶，拔除无效分蘖，带出田外销毁，并预防病虫害 1 次。

（5）孕茭期和采收期管理。主茎拔节后，即进入孕茭阶段。从拔节到开始采收这段时间，早、中熟品种，水位应保持在 10～15 厘米，晚熟品种应保持在 5～10 厘米。60%～80%分蘖进入孕茭时，及时重施膨大肥，每亩施用硫酸钾复合肥 30 千克；采收前 4～5 天，每亩施用复合肥 25～30 千克；采收 7～10 天后，再次施用复合肥 25～30 千克。

（6）及时采收。当茭白肉质茎露出茭壳时，及时收获。采收时，割取壳茭，带出田外割叶、分级和包装。

（7）挖除变异株。种苗纯度不高的田块，应及时挖除灰茭和雄茭，并用孕茭正常的茭墩填补。

5. 夏茭管理

（1）田间清理。秋茭采收结束后，及时排干田水。气温下降到 10 ℃以下时，茭白叶片渐渐枯黄，其地上组织储存的养分逐渐运转到地下组织中。12 月底至翌年 1 月上旬，齐泥割除地上茎叶，带出田外沤制有机肥，减少田间病虫越冬基数；同时，每亩施用新鲜生石灰 50 千克。

（2）施足基肥。覆盖地膜前 3 天，每亩施复合肥 25～30 千克、腐熟有机肥 1 000～1 500 千克或腐熟油菜籽饼肥 100～150 千克。施后灌浅水，任其自然落干，以提高肥料利用率。

（3）适时盖膜。地膜采用厚度为 3 丝的无滴膜。覆盖后，四周用泥土压实，并在行间打孔，每间隔 40～50 厘米打 1 个孔，孔洞直径 0.5～0.7 厘米，以利于膜上积水渗入泥土，防止积水压苗，同时可有效防止膜下局部温度过高灼伤种苗。该阶段，田间保持 1～3 厘米的浅水即可。

（4）适时揭膜。苗高 20～30 厘米时，趁阴天揭膜，或者晴天炼苗 2～3 天后揭膜。该阶段，及时灌溉 3～5 厘米的浅水，并预防病害 1 次。

（5）间苗和定苗。揭膜后 3～5 天，及时间苗和定苗，采用机械挖除茭墩中部小苗，或人工重压茭墩中部小苗并覆土，每个茭墩均匀保留 25 株左右长势较一致的健壮苗。间苗和定苗前 5～7 天，每亩施用复合肥 25～30 千克；间苗和定苗后 10～15 天，每亩施用复合肥 25～30 千克。间苗和定苗期间，水位保持在 5 厘米左右。定苗后田间水位保持在 20 厘米左右，控制无效分蘖，预防病害 1 次。如遇到冷空气，及时灌水保温。

（6）孕茭前管理。孕茭前适当搁田，有利于植株根系向下生长，控制植株过旺长势。

（7）孕茭期管理。茭白茎秆明显增粗，新生叶叶枕渐靠近，即进入孕茭期。这一阶段要严格控制速效氮肥施用量，防止因植株生长过旺导致孕茭延迟。田间水位保持在 5 厘米左右。

（8）采收期管理。夏茭采收期，肥水管理要求十分严格。一般要求田间有绿萍、田间水源清洁或流动灌溉、水位 15～20 厘米。采收 1～2 次后，每亩施用硫酸钾复合肥 ［N：P：K＝（20～25）：（8～10）：（18～20）］ 30～35 千克；间隔 10 天左右再施用 1 次，每亩施复合肥 20～30 千克。

四、双季茭白双膜覆盖栽培

双季茭白设施栽培因其早熟、优质、高产、高效，在我国南方多个省份大面积推广应用，其主要原理是在春季外界气温较低的情况下，利用大棚设施增温保温，通过光、温、肥、水的科学调控，为大棚茭白创造较适宜的生长条件，促进茭白早发、快发，提早孕茭和采收。

双季茭白双膜覆盖栽培模式是在双季茭白设施栽培技术基础上进一步发展而成的，首先在浙江省嘉兴市桐乡市一带推广应用，目前已经逐渐在浙江设施茭白产业基地推广应用。双膜覆盖栽培具有四大优势：一是采收时间大幅提前，采用大棚膜、地膜双层覆盖，保温增温效果更好，双季茭白采收时间比露地栽培提早 40～45 天，比大棚膜覆盖栽培提早 10～15 天；二是产值效益明显提升，双膜覆盖栽培与露地栽培相比，产量相仿，但市场销售价格明显提高，产值效益可提高 50%～100%；三是品质优，双膜覆盖栽培管理精细，采收期间气温凉爽，肉质茎白嫩，品质优良；四是孕茭率高，可有效避免因夏季高温导致的不孕茭情况。

1. 搭建大棚　种植双季茭白的大棚，根据材质不同，分为毛竹大棚、钢管大棚。近年来，钢管大棚的比例显著增加。大棚宽 6 米或 8 米，棚高 2.2～2.8 米，钢管间距 70～80 厘米。茭白行距、株距，比简易覆膜模式适当减小，行距 90～100 厘米，株距 40～50 厘米。大棚以南北走向为宜，长度根据实际情况决定。采用钢管大棚种植茭白，钢管因长期浸泡在肥水环境中极易遭受腐蚀，若在钢管外套用 70～80 厘米防腐蚀管材，其使用寿命可以延长至 20 年以上。

2. 品种选择 双季茭白温度敏感性强，光照敏感性较弱，满足适宜温度条件是孕茭的关键。一般情况下，大棚双季茭白以夏季早中熟的优质高产品种为宜，目的是与露地茭白错开上市时间，取得更好的经济效益。

3. 秋茭定植与管理

（1）适时定植。秋季早熟双季茭白品种，宜在 6 月底至 7 月初定植；秋季中熟双季茭白品种，宜在 7 月上旬定植；秋季晚熟双季茭白品种，宜在 7 月中旬定植。定植前保持水位 10～15 厘米，检查田间绿萍生长情况，以绿萍长满田块为宜。

（2）种植密度。早熟双季茭白品种，行距 90～100 厘米，株距 40～50 厘米；中晚熟双季茭白品种，行距 100～110 厘米，株距 50～60 厘米。单株定植，根系入土 10 厘米左右即可。

（3）分蘖前管理。定植后 10～15 天种苗成活返青，轻搁田 5～7 天，促进植株抽生新根、萌发新芽，1 周后及时灌水 5～10 厘米。

（4）分蘖期管理。搁田灌水后 3 天左右，施用促蘖肥，每亩施尿素 5 千克、复合肥 10 千克。间隔 10～15 天，每亩施复合肥 20～30 千克，促进早分蘖，培养大分蘖，并预防病虫害 1 次。每墩有效分蘖达到 12～15 株，灌水 20～25 厘米或搁田控制无效分蘖。早熟品种在定植后 40 天左右割除主茎，培养大分蘖。

（5）孕茭期和采收期管理。当 60%～80% 的分蘖进入孕茭时，及时重施孕茭肥，每亩施用硫酸钾复合肥 30 千克；采收前 4～5 天，每亩施用复合肥 25～30 千克；采收 7～10 天后，再次施用复合肥 25～30 千克。

（6）及时采收。当茭白肉质茎露出茭壳时，及时收获。采收时，割取壳茭，带出田外割叶、分级和包装。

（7）挖除变异株。种苗质量不高的田块，应及时挖除灰茭和雄茭，并用孕茭正常的茭墩填补。

4. 夏茭管理

（1）田间清理。秋茭采收结束后，及时排干田间积水。气温降至 10 ℃ 以下时，茭白叶片渐渐枯黄，地上茎叶储藏的养分逐渐运转到地下组织中。12 月中旬至翌年 1 月中旬，齐泥割除地上茎叶，并整齐堆放在行间，用于支撑地膜。

（2）施足基肥。大棚覆膜前 3 天，每亩施腐熟有机肥 1 000～1 500 千克或腐熟油菜籽饼肥 100～150 千克、复合肥 30 千克、氯化钾 15 千克。施后灌浅水，自然落干，以提高肥料利用率。

（3）适时盖膜。选择晴天无风天气覆盖大棚膜和地膜，大棚内土壤宜保持湿润。大棚膜采用厚度为 6 丝的无滴膜，地膜采用厚度为 1.5 丝的无滴膜，地膜两头拉紧，中间悬空，以利于种苗生长。

（4）揭除地膜前温湿度管理。双层膜覆盖后 30～40 天，茭白苗高度可达到 30～40 厘米。若晴天大棚内温度过高，易导致植株徒长，不利于后期管理，故棚内温度达到 20～25 ℃时，应及时掀开大棚两边棚膜通风降温降湿。检查田间湿度，土壤表土微白时，应于晴天 10:00—12:00 灌溉薄水，防止湿度过低抑制茭苗生长。

（5）适时揭膜。当苗高 20～30 厘米时，趁连续 2～3 天阴雨天气揭除地膜，或者晴天早揭晚盖，炼苗 2～3 天后于傍晚揭膜。及时灌溉浅水 3～5 厘米，预防病害 1 次。

（6）间苗和定苗。揭膜后 3 天左右间苗，用间苗机械割除茭墩中部茭苗，或人工重压茭墩中间小苗并覆土，每个茭墩均匀保留 25 株左右长势较一致的健壮茭苗，每亩施用复合肥 20 千克。当苗高 40～50 厘米时定苗，每墩保留长势较一致、分布较均匀的粗壮茭苗 18～20 株，每亩施用复合肥 30 千克。间苗和定苗期间，田间保持 5～10 厘米的浅水。定苗后 7～10 天，田间保持 20 厘米的水位，控制无效分蘖。预防病害 1 次。

（7）孕茭前管理。定苗后，根据大棚内温湿度情况及时通风降温降湿。上午棚内温度达到 20～25 ℃时，及时掀膜通风降温降湿；即使遇到持续阴雨天气，也应抢晴通风。当外界温度稳定在 20 ℃以上时，揭除大棚膜，但要保留裙膜。揭膜后，轻搁田，以利于植株根系向下生长，控制植株长势。控制肥料用量，防止植株旺长，若确实长势过弱，每亩施用复合肥 5～10 千克或喷施叶面肥 1～2 次。

（8）孕茭期管理。揭除大棚膜后，茭白植株长势变缓，株型更加紧凑，茎秆增粗，新生叶叶枕渐靠近，即进入孕茭期。这一阶段，要严格控制速效氮肥施用量，防止因植株生长过于旺盛导致延迟孕茭。根据田间长势，傍晚叶面喷施钾元素含量较高的叶面肥 1～2 次，促进孕茭。田间水位保持在 10 厘米左右。

（9）采收期管理。夏茭肉质茎脆嫩，对采收时间、采收期肥水管理要求严格。一般要求田间保持 10～15 厘米的水层，水面长满绿萍，田间水源清洁或流动灌溉。10:00 以前采收茭白，采收 1～2 次后，每亩施用硫酸钾复合肥 [N：P_2O_5：K_2O=（20～25）：（8～10）：（18～20）] 30～40 千克，间隔 10 天左右再施用 1 次，用量同前。

第三节 农业投入品管理

茭白从农田到餐桌要经过种植、生产过程的农业投入品使用、产后的收获储运加工等一系列环节，产品质量与这些环节密切相关。优质安全的茭白是生产出来的，而农作物种子、农药、肥料等农业投入品是茭白生产的重要生产要素。经调查分析，使用不合格的农药、种子、肥料等农业投入品或者不合理地使用农业投入品，甚至违反国家规定使用禁用、限用的农业投入品都会导致茭白产品被有毒、有害物质污染，危及茭白产品的质量安全。农业投入品是影响茭白质量安全的最主要制约因素，因此抓茭白质量安全，关键抓农业投入品的控制。由于农业投入品涉及产品研发、生产、经营、使用、管理等环节，所以农业投入品的使用、经营、管理三者密不可分，缺一不可，只有三者协调作用，才能把住农业投入品的第一关，这是茭白质量安全保证的重中之重。

一、强化农业投入品管理

在农业投入品中，农药是影响产品质量的重中之重，是抓农业投入品管理的关键。农业投入品管理的重要性决定了在农药的生产、销售和使用过程中应该有一定的强制性措施来保证其正确和安全使用。农业投入品安全使用的一个重要问题就是加强管理，不仅包括农业投入品的生产、经营和储运过程的管理，还包括使用过程的管理。

1. 加强农药管理法规的宣传与培训 一方面，利用各种形式和媒体广泛宣传《中华人民共和国农产品质量安全法》《农药管理条例》《农药管理条例实施办法》等法律、法规及农药知识，宣传工作要深入农村，不仅要面向农药生产者、经营者，还要面向广大茭农，力争做到家喻户晓、人人皆知。另一方面，全面开展对农药经营人员的培训工作，对种植主体和农药经营者进行农药基本知识、农药法规、农药使用与安全防护措施及国家禁用、限用高毒农药政策等内容的培训，从而提高农药生产经营者、使用者的法律意识和守法自觉性，同时，使他们学会运用法律武器维护自己的合法权益。

2. 加强农药生产企业管理 对农药生产企业要严查农药原料中是否有国家禁用农药、是否生产以高毒农药冒充低毒农药的产品、农药标签是否规范、是否按农药登记证批准的内容生产，彻底从生产源头上规范农药产品，防止违规农药流入市场。

3. 依法管理和规范农药市场 严格准入条件，严格资格审查，按照《农药管理条例》对经营单位和人员的要求，全面清理农药经营网点，对达不到规定条件的坚决取缔。日常管理与重点检查相结合，根据不同农时季节，对重点地区、重点产品进行重点检查，对违法经营单位依法加大处罚力度，堵住违规农药的流通渠道。

4. 推行农资连锁和农资准入登记制度　鼓励实力雄厚、技术力量强、信誉高的农资经营企业设立连锁店，其他农资零售商实行联销、统一进货、统一提供技术指导。农资经营单位引进的农资新品种必须向农业主管部门申请登记，经严格审查或生产试用后，方可批准引进销售。这样可最大限度地杜绝假冒伪劣农资的流入，确保农资质量和使用效果。

5. 加强高毒、高残留农药管理　强化高毒、高残留农药的销售与使用监管工作，是解决农药残留、提高茭白产品质量、实现茭白无害化生产目标的关键和根本。首先，要在销售环节上，严厉查处国家禁止销售、使用和已取消登记的农药，一经发现，必须全部没收，作无害化销毁，并按法律严惩。对限制使用的高毒农药实行定点限制经营，建立经营档案，实行可追溯管理，防止流向茭白产区。同时，要严格控制高毒农药销售点的数量，不能在茭白产区设立高毒农药经销店。在茭白产区要设立农药柜台，引导茭农使用高效、低毒、低残留农药，有效地从源头上遏制高毒农药的使用。其次，要在使用环节上，严控高毒农药。高毒农药药味较浓，在施用的关键时期深入田间地头，加大巡回监督密度，一经发现要严厉处罚，改变过去注重处罚经销商，忽视对使用者处罚的传统。同时，在茭白生产基地，要建立生产记录档案，在使用农业投入品的过程中，要说明所用农业投入品的名称、剂型、规格、来源、每次用量等内容，并逐步扩大到茭白产区的菜农都要建立农业投入品使用记录档案。这样，在使用环节上严格控制高毒农药的使用。

二、推广茭白农业投入品合理使用技术

1. 科学合理选择农业投入品

（1）合理选用化学农药。当病虫害发生严重，使用物理、生物等防治措施不能控制时，化学农药防控仍是必要的措施。它具有速度快、效果好、省时省工等优点，尤其是在发生突发性病虫害时，使用效果更为明显，深受广大茭农欢迎。因此，在当前或今后的一段时间内，化学农药防控茭白病虫害还不可能取消。关键在于根据茭白生长的不同发育阶段和品种，科学选择适宜的高效、低毒、低残留农药种类，在限量使用范围内使用，使茭白产品农药残留不超标，确保茭白产品的质量安全。

（2）农药交替使用。农药交替使用的理论在国外早已提出，并有研究报道。交替使用作用机制不同的农药，不仅能减轻单种农药对环境的污染以及对非目标生物的影响，而且可以降低在茭白产品中的残留。在现实生产中，茭农往往在使用某一种效果好的农药后，就不愿使用其他农药，在一年重复多次使

用，甚至连续几年使用同一种农药，这种现象在有机磷杀虫剂产品的使用中更为明显。由于连续使用同一种（类）农药，病菌或害虫产生抗药性，防治效果下降，甚至无效。因此，交替使用作用机制不同的农药，一种农药在一个生产季节只使用1~2次，延缓病虫产生抗药性，从而降低农药用量，降低农药残留。

（3）推广高效、低毒的替代农药品种和生物农药。茭农之所以愿意使用高毒农药，主要原因是这些农药相对价格低，对某些害虫具有较好的防治效果。要全面禁止使用高毒农药，就要选用无论在防治效果上，还是在价格上都可以取代高毒农药的品种。例如，辛硫磷、吡虫啉、高效氯氰菊酯、BT、白僵菌、阿维菌素等低毒或生物农药，对防治害虫都有较好的效果。这些都需要农业特色产业发展中心、农技推广部门的积极指导，农药经营单位合理引进并推广高效、低毒、低残留农药，引导茭农购买使用。

2. 选用科学的使用方法　农药使用方法包括喷雾法、喷粉法、熏蒸法、灌根法等。一般在大田条件下，喷雾法靶标部位受药均匀且剂量大，防治效果好。在4月后，随着温度的升高、通风量的加大，施药应以喷雾法为主。对于防治地下害虫及土壤传播的病害，应在茭白播种前，提早混施于土壤，或使用种子包衣方法。对于局部发生的病虫害，可局部用药，尽量避免大面积地使用农药。

3. 减少农药用量　在几乎完全靠化学农药控制病虫害发生的情况下，减少农药用量显得尤为重要。一要减少用药次数，二要减少用药剂量。加强病虫害预测预报，适时防治。每一种病虫害都有其自然发生规律，在其生活史当中，都有一个对化学药剂比较敏感的时期，在这个时期用药就会取得事半功倍的效果。这就需要农业植保部门抓住主要病虫和病虫发生的主要时期开展预测预报，让茭农及时了解病虫害的发生动态。积极开展当地主要病虫对主要农药的抗药性检测，并根据抗药性情况，制定出适宜的抗药性综合治理方案，指导茭农科学用药，以减少用药次数。

针对主要病虫害种类，进行重点防治。在茭白生长过程中，经常是几种病虫害同时发生，有的病虫害一时不防治，也不会造成危害。因此，在用药时要抓主要矛盾，针对主要病虫害种类选择农药，无须针对所有发生的病虫害使用多种农药。充分应用其他非化学防治方法，实行综合防治。推广应用生物农药、物理技术，保护和利用自然天敌。例如，人工繁育天敌赤眼蜂、七星瓢虫、草蛉、蚜虫蜂等，采用性诱剂技术、频振式杀虫灯诱杀技术、黄蓝板诱杀技术等。这些方法对病虫害的控制效果可能不如化学农药见效快，但具有持效期长、安全性高的特点，除了对防治对象有控制作用外，对茭白产品和非目标生物无不利影响，有利于保护茭白产品质量安全，这是减少农药用量的最佳方法。

4. 选择科学的施药时期　施药时期与病虫的种类、发育阶段、环境条件及施药方法等因素有关，在很大程度上决定病虫害的防治效果。在发病前，可采用保护性药剂预防病害的发生。不同的病虫害、不同的施药方法，都有其最佳施药时间，应科学选择。

5. 掌握用药浓度及安全间隔期　在选用高效、低毒农药的基础上，使用量和使用浓度要严格按照农药使用说明书上的规定进行，不可擅自提高使用量和使用浓度，以保证农药残留量不超标。不同茭白种类所需的安全间隔期不同，要严格按照农药标签标明的农药使用安全间隔期和每季最多用药次数使用农药。在遇到几种病害同时发生时，可选择多病兼治的农药。

6. 加大新农药、优质茭白新品种的试验示范推广　一是根据茭白病虫害防治需要，试验筛选推广一批取代高毒、高残留农药的新型高效、低毒、低残留的农药品种，减轻农药残留污染，保障茭白质量安全；二是筛选一批防治已产生抗性的害虫所需的新农药品种；三是积极开发推广一批生物环保绿色农药，加快生物农药的研发应用速度；四是开展施药技术和方法的研究，不断改进施药技术，提高农药的使用效率；五是加大优良茭白品种的引进、试验示范和推广力度，选用适应性强的新品种，加快茭白品种更新换代。

第四节　肥水管理

一、肥料管理

茭白生长期长、分蘖多而吸肥量大。茭白施肥应根据土壤肥力和目标产量，按照《肥料合理使用准则　通则》（NY/T 496—2010）的规定合理施肥。应大力提倡使用有机肥，减少化肥的使用量。茭白追肥采用"前促、中控、后促"的原则，结合水层管理，促进前期有效分蘖，控制后期无效分蘖，促进孕茭，提高茭白产量和品质。

（一）确定施肥用量

围绕农业绿色发展目标要求，应遵循"经济施肥，环保施肥，增产施肥"的理念。依托测土配方施肥技术成果，依据茭白产量、土壤肥力状况以及茭白需肥规律，合理确定茭白施肥量。优化施肥结构，推广茭白专用肥、稳步推进有机无机复混肥等肥料；推广科学施肥方法，探索机械深施技术，提高肥料利用率；坚持施肥与培肥地力相结合，加强茭田土壤酸化治理，因地制宜地施用有机肥，做好秸秆合理还田，多措并举，减少茭白生产中不合理化肥（特别是氮肥）施用量。

（二）施肥原则

茭白生产肥料投入按照作物养分需求与供给平衡的原则，合理控制化肥总量和氮肥投入。

1. 限量管理原则　在茭白生产中，茭农存在盲目施肥、过量施用氮肥的现象。这不仅增加了生产成本，也是造成农业面源污染的主要原因之一，严重影响农业生产环境。茭白化肥施用量应不超过当地化肥定额制的最高限量标准，对于特别高产的茭白品种，可适当提高化肥用量。

2. 分类指导原则　根据茭白种植模式、目标产量、需肥规律、土壤供肥能力和肥料利用率，确定氮、磷、钾施用量。

3. 综合施策原则　采取调整化肥品种、增加有机养分投入、改变施肥方法等技术，推广实施茭白科学环保施肥技术模式，实现茭白增产增效。

(三) 施肥建议

针对目前茭白氮肥用量偏高、有机肥用量少或不用的现状，遵循"限量管理、分类指导、综合施策"的施肥原则，采取有机肥与无机肥相结合，把握氮肥总量，中微量元素因缺补缺，并结合不同季节、不同品种、耕作制度进行适当调整的施肥策略。在肥料选择上，以选择与当地土壤肥力相适应的配方肥、有机无机复合肥等为宜。其中，基肥约占30%、追肥约占70%。

1. 双季茭白　有机肥施用量：每亩施腐熟农家肥2 000~2 500千克或每亩施商品有机肥500~900千克。土壤有机质含量在5%以上的茭白田，建议不再施有机肥，并减少秸秆还田量或不还田。长期施用高浓度复合肥的，建议每隔两年每亩施用钙镁磷肥50~100千克。

2. 秋茭

(1) 产量水平在1 500千克/亩以下：每亩施氮肥（N）小于17千克、磷肥（P_2O_5）小于5千克、钾肥（K_2O）小于16千克。

(2) 产量水平在1 500~2 000千克/亩：每亩施氮肥（N）17~22千克、磷肥（P_2O_5）7千克、钾肥（K_2O）16~20千克。

(3) 产量水平在2 000千克/亩以上：每亩施氮肥（N）24千克、磷肥（P_2O_5）10千克、钾肥（K_2O）22千克。

在施肥方法上，茭白定植前7~10天施基肥，茭白叶还田的施肥量可适当减少，商品有机肥应符合《有机肥料》（NY/T 525—2021）的规定。施基肥后翻耕20~30厘米，耙平，保持1~3厘米的浅水层。在施肥比例上，生长季节追肥3次，其中氮肥缓苗后施10%、分蘖期施45%、孕茭初期施45%。

3. 夏茭

(1) 产量水平在2 000千克/亩以下：每亩施氮肥（N）小于18千克、磷肥（P_2O_5）小于8千克、钾肥（K_2O）18千克。

(2) 产量水平在2 000~2 500千克/亩：每亩施氮肥（N）18~25千克、磷肥（P_2O_5）9千克、钾肥（K_2O）18~23千克。

（3）产量水平在 2 500 千克/亩以上：每亩施氮肥（N）26 千克、磷肥（P₂O₅）10 千克、钾肥（K₂O）26 千克。

在施肥比例上，生长季节追肥分 3～4 次，其中萌芽后施氮肥 10%、定苗后施用 30%，隔 10～15 天再施用 30%，孕茭初期施 30%。

4. 单季茭白　有机肥施用量：每亩施腐熟农家肥 2 000～2 500 千克或每亩施商品有机肥 500～900 千克。土壤有机质含量在 5% 以上的茭白田，建议不再施有机肥，并减少秸秆还田量或不还田。长期施用高浓度复合肥的，建议每隔两年每亩施用钙镁磷肥 50～100 千克。

（1）产量水平在 1 500 千克/亩以下：每亩施氮肥（N）小于 20 千克、磷肥（P₂O₅）小于 8 千克、钾肥（K₂O）16 千克。

（2）产量水平在 1 500～2 000 千克/亩：每亩施氮肥（N）20～25 千克、磷肥（P₂O₅）8～10 千克、钾肥（K₂O）17～20 千克。

（3）产量水平在 2 000 千克/亩以上：每亩施氮肥（N）28 千克、磷肥（P₂O₅）10～12 千克、钾肥（K₂O）20～22 千克。

在施肥方法上，茭白定植前 7～10 天施基肥，茭白叶还田的施肥量可适当减少，商品有机肥应符合《有机肥料》（NY/T 525—2021）的规定。施基肥后翻耕 20～30 厘米，耙平，保持 1～3 厘米的浅水层。在施肥比例上，生长季节追肥分 3～4 次，其中苗肥 20%、分蘖肥 45%、孕茭初期施 35%。

5. 注意事项　一是追肥不要施在植株上，以避免伤苗，施肥后注意田间水分管理，避免养分流失，提高肥料利用率；二是建议叶面喷施水溶性硅肥。

二、水位管理

1. 原则　茭白田的水位根据茭白生长发育特性灵活调整，在整个茭白生长期间，水位的高低随着茭白不同的生育期阶段进行调节，应当按照"浅水移栽、深水活棵、浅水促蘖、适时搁田、深水孕茭、浅水收获"的原则。

一般在茭白萌芽前灌浅水 3 厘米，以提高土温，促进萌发，栽后促成活；分蘖前期保持水深 5～8 厘米，促进分蘖和发根；分蘖后期，加深水位至 10～12 厘米，控制无效分蘖；7—8 月高温期宜保持水深 10～15 厘米，并换水降温；孕茭期至采收前 1 周左右，根据主茎茭白生长情况灌水，水位保持 15 厘米左右；孕茭后期逐渐灌浅水到 5 厘米左右；秋茭采收后，保持 3 厘米以下浅水越冬。

2. 双季茭白　秋茭浅水定植后 15～20 天内保持 8～10 厘米的水位。分蘖前中期保持 2～3 厘米的水位，分蘖后期控制在 10～12 厘米的水位，分蘖期间宜搁田 1～2 次；如遇连续 35 ℃以上的高温，可加深水位至 10～15 厘米，降温护苗。孕茭期保持 10～12 厘米的深水位。采收中后期保持 3～5 厘米的浅水位。

翌年夏茭出苗期保持田水湿润，分蘖前中期控制 2～3 厘米的浅水位；分蘖后期至孕茭期间，控制 10～15 厘米的水位；采茭期控制 15～20 厘米的深水位。在进行追肥和施药等田间操作时，应控制浅水位，3 天后逐渐恢复水位。

3. 单季茭白　定植至分蘖前期保持 3～5 厘米的水位；分蘖后期控制水位 10～12 厘米；定苗后搁田至土壤表层出现细小的龟纹裂，搁田后灌水至 5 厘米水位；孕茭期逐步加深至 15～20 厘米。在进行追肥和施药等田间操作时，水位应控制在 3 厘米，3 天后逐渐恢复水位。

4. 注意事项　雨季宜注意排水，水位不得过高，水深不超过茭白眼，防止薹管伸长；在每次追肥前后，应保持浅水以确保肥料有效地被土壤吸收，然后再恢复到原来水位。

三、单季茭白沼液替代化肥施用技术

目前，土壤消解是被认为最经济有效的污水处理方法。已有研究证实了茭白对沼液的消解净化作用，每公顷茭白整个生育期可消化净化约 600 吨沼液。沼液的基本营养成分为全氮 500.7 毫克/千克、全磷 115.5 毫克/千克、全钾 422.8 毫克/千克，pH 7.6，铜（Cu）、锌（Zn）、铅（Pb）、铬（Cd）等重金属含量符合国家标准。有些偏施化肥的茭农会因为前期长势较差而多次追施化肥，从而导致肥害。茭白田灌溉沼液作为基肥，不仅有效缓解了养殖场废弃物排放的压力，而且可以满足茭白植株对养分的需求，促进茭白早缓苗、分蘖粗壮、病虫危害少，茭白品质和产量同步提升。

（一）单季茭白沼液施用技术基本流程
见图 3-1。

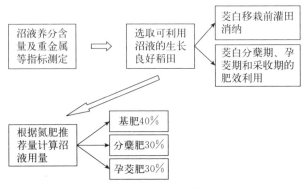

图 3-1　单季茭白沼液施用技术基本流程

（二）沼液用途及施肥方法

1. 基肥 7月上旬翻耕前施基肥，田中覆薄水层2～3厘米，每亩均匀浇灌沼液10吨，翻耕后1～2天移栽茭白秧苗；配合施用复合肥（15-15-15）10千克。

2. 分蘖肥 8月中旬茭白长出4片定型叶后，施分蘖肥，沼液与水按1∶2的比例稀释，随灌溉水浇施，每亩浇灌沼液5吨；配合施用复合肥（15-15-15）20千克。

3. 孕茭肥 9月下旬，茭白分蘖停止后，施孕茭肥，沼液与水按1∶2的比例稀释，随灌溉水浇施，每亩浇灌沼液5吨；配合施用复合肥（15-15-15）20千克。

注：单季茭白沼液施用技术基本流程中默认沼液全氮含量为1.2克/升，全磷含量为0.21克/升，全钾含量0.57克/升。若选用的沼液养分含量大幅低于或高于默认沼液的养分含量，需相应上调或下调沼液用量。

（三）单季茭白沼液替代化肥施用试验效果

浙江科技学院（现为浙江科技大学）与浙江省衢州市衢江区农业农村局在衢江区杜泽镇桥王村平绿家庭农场的茭白基地内进行试验（图3-2），试验结果如下。

图3-2 浙江省衢州市衢江区平绿家庭农场沼液替代化肥施用试验示范（茭白）

1. 沼液替代化肥施用对茭白田土壤理化性质的影响 与常规施肥处理相比，沼液替代化肥施用对土壤的pH、全氮、全磷、全钾和碱解氮含量的影响均不显著，但能够显著增加土壤有效磷和速效钾含量，具体见表3-1。

表 3-1　沼液替代化肥对茭白田土壤基本理化性质的影响

处理	pH	有机质 （克/千克）	全氮 （克/千克）	全磷 （克/千克）	全钾 （克/千克）	碱解氮 （毫克/千克）	有效磷 （毫克/千克）	速效钾 （毫克/千克）
常规施肥	5.20±0.34a	19.96±1.45a	1.18±0.12a	0.74±0.06a	14.5±0.89a	149.5±13.2a	32.08±0.27b	73.87±6.29b
25%沼液替代	5.36±0.42a	20.15±2.14a	1.17±0.04a	0.74±0.03a	14.8±0.72a	134.2±10.5b	33.16±1.19b	70.78±4.41b
50%沼液替代	5.38±0.26a	20.36±1.25a	1.20±0.11a	0.76±0.06a	15.0±1.21a	142.4±8.61a	33.10±3.26b	87.24±7.03a
75%沼液替代	5.37±0.72a	21.02±0.58a	1.25±0.07a	0.83±0.05a	15.8±0.97a	151.2±12.7a	43.34±2.32a	90.55±8.95a
100%沼液替代	5.30±0.52a	20.21±1.42a	1.24±0.13a	0.81±0.07a	15.2±0.47a	153.5±14.2a	42.12±3.37a	91.21±7.95a

注：同列不同字母表示差异达 0.05 显著水平。

2. 沼液替代化肥施用对茭白田土壤微生物量的影响　与常规施肥处理相比，沼液替代化肥显著提高了土壤微生物生物量碳和氮的含量。其中，以100%沼液替代化肥处理增加幅度最大，并显著降低土壤微生物生物量碳氮比，具体见表 3-2。

表 3-2　沼液替代化肥对茭白田土壤微生物量的影响

处理	微生物生物量碳 （毫克/千克）	微生物生物量氮 （毫克/千克）	微生物生物量碳氮比
常规施肥	173.25±12.12c	13.61±1.25cd	12.73±0.87a
25%沼液替代	180.62±15.17bc	17.45±1.61c	10.35±1.09b
50%沼液替代	208.20±12.82b	20.31±1.92b	10.25±1.13b
75%沼液替代	247.42±19.51a	26.13±1.88a	9.47±0.82b
100%沼液替代	250.23±17.55a	27.13±2.14a	9.22±1.03b

注：同列不同字母表示差异达 0.05 显著水平。

3. 沼液替代化肥施用对茭白田土壤酶活性的影响　与常规施肥处理相比，≥50%沼液替代化肥施用的各处理均能显著提高土壤蔗糖酶的活性（$P<0.05$），提高幅度为 39.1%～84.5%。其中，100%沼液替代化肥处理提高的幅度最大，具体见表 3-3。

表 3-3　沼液替代化肥对茭白田土壤酶活性的影响

处理	蔗糖酶酶活 ［克/（千克·时）］	脲酶酶活 ［克/（千克·时）］	酸性磷酸酶酶活 ［克/（千克·时）］	过氧化氢酶酶活 ［克/（千克·时）］
常规施肥	1.74±0.07c	6.42±0.42 d	26.40±1.21a	19.51±1.01b
25%沼液替代	1.95±0.09c	8.13±0.64c	24.31±2.20a	20.08±0.81ab
50%沼液替代	2.42±0.13b	10.32±1.07b	19.59±1.12b	22.14±1.43a
75%沼液替代	3.13±0.23a	12.45±1.12a	18.41±1.21b	23.42±1.23a
100%沼液替代	3.21±0.27a	12.38±0.83a	18.47±2.12b	23.54±1.98a

注：同列不同字母表示差异达 0.05 显著水平。

4. 沼液替代化肥施用对茭白植物学性状的影响 与常规施肥处理相比，除25%沼液替代处理外，沼液替代化肥的施用对茭白长度的增长具有促进作用，增加幅度为6.3%～8.5%，其中，100%沼液替代处理增加幅度最大；同时，对茭白的叶长、叶宽、毛茭重、净茭重的增加也具有促进作用，具体见表3-4。

表3-4 沼液替代化肥施用对茭白的植物学性状的影响

处理	茭长（厘米）	叶长（米）	茭宽（厘米）	叶宽（厘米）	毛茭重（克）	净茭重（克）
常规施肥	18.90±0.23b	1.74±0.05b	4.44±0.21a	3.65±0.18b	140.24±3.04b	105.48±3.45b
25%沼液替代	18.18±0.11b	1.77±0.07ab	4.46±0.13a	3.66±0.12b	137.73±4.56b	112.66±4.26ab
50%沼液替代	20.09±0.17a	1.79±0.12ab	4.43±0.20a	3.75±0.30ab	141.65±3.14ab	114.57±5.02a
75%沼液替代	20.16±0.20a	1.81±0.14ab	4.43±0.16a	3.69±0.24ab	145.25±4.22ab	115.12±4.44a
100%沼液替代	20.50±0.36a	1.87±0.09a	4.54±0.25a	4.02±0.19a	148.63±3.36a	115.29±3.98a

注：同列不同字母表示差异达0.05显著水平。

5. 沼液替代化肥施用对茭白品质的影响 与常规施肥处理相比，随着沼液替代化肥比例的增加，茭白果肉的粗蛋白、维生素C含量增加显著，但对茭白果肉总糖和纤维素含量影响不显著。沼液替代化肥比例≥75%，能够显著降低茭白果肉中的硝酸盐含量，具体见表3-5。

表3-5 沼液替代化肥对茭白品质的影响

处理	总糖（克/千克）	粗蛋白（克/千克）	纤维素（克/千克）	维生素C（毫克/千克）	硝酸盐（毫克/千克）
常规施肥	45.60±2.69a	11.02±1.03bc	22.43±2.42a	209.78±13.42b	627.33±60.34a
25%沼液替代	46.75±0.80a	11.67±0.91bc	23.28±2.46a	215.92±23.12ab	578.92±48.90ab
50%沼液替代	47.11±5.14a	12.17±1.95b	23.05±2.20a	222.15±21.21ab	564.37±55.21ab
75%沼液替代	47.17±3.47a	13.66±1.07a	22.51±1.39a	239.52±19.74a	512.96±1.35b
100%沼液替代	48.90±2.41a	13.96±1.31a	22.43±2.41a	240.28±22.80a	524.32±26.70b

注：同列不同字母表示差异达0.05显著水平。

（四）注意事项

沼液需用密闭输配管网或槽罐车输配，不能与碱性肥料混合施用，应在晴天施用，夏天宜在清晨或傍晚施用，沼液滴灌后必须用清水冲洗滴灌管网。

第五节　病虫害防治

一、防治原则

按照"预防为主，综合防治"的原则，根据病虫害发生规律，优先采用农业防治、物理防治、生物防治等技术，必要时科学精准使用化学防治。

二、主要病虫害种类和防治要点

茭白主要病害有锈病、胡麻叶斑病、纹枯病、黑粉病等，主要虫害有螟虫（二化螟、大螟等）、长绿飞虱、蚜虫、福寿螺等。

（一）锈病

1. 病害症状　主要危害茭白叶片，在叶鞘上也有发生。发病初期，茭白叶片正反面及叶鞘上散生褪绿小点，后稍大，呈黄色或铁锈色隆起的小疱斑（夏孢子堆），后疱斑破裂，散出锈色粉状物，严重时叶片布满黄褐色疱斑，不但降低光合效能，还使病叶早枯。

2. 防治要点

（1）加强田间管理，提高植株抗病力。施足基肥，多施有机肥、磷肥、钾肥。苗期、分蘖期、孕茭期分别用 0.1%～0.2%硫酸锌叶面喷雾。水层管理采用"薄水栽植，浅水分蘖，中后期加深水层，湿润越冬"等方法。茭白分蘖后期，需多次清除黄叶、病叶、枯叶，增强田间通风透光。

（2）药剂防治。截至 2024 年 3 月，茭白锈病尚无登记农药可用，根据生产实践，防治茭白锈病效果较好的药剂有 12.5%烯唑醇可湿性粉剂 2 500～3 000 倍液、10%苯醚甲环唑可湿性粉剂 2 000～2 500 倍液、20%苯醚甲环唑微乳剂 1 500～2 000 倍液、25%吡唑醚菌酯每亩 25～30 毫升、20%腈菌唑乳油 1 500 倍液、10%苯甲·丙环唑 1 000～2 000 倍液等。但吡唑醚菌酯、苯甲·丙环唑对水生生物具有中等毒性，在养鱼茭白田禁止使用。施药时间最好在发病初期，茭白孕茭期慎用杀菌剂。

（二）胡麻叶斑病

1. 病害症状　主要危害叶片，叶鞘也可发病。叶片发病初期，密生针头状褐色小点，后扩大为褐色纺锤形、椭圆形斑，大小和形状如芝麻粒。后期病斑中心变为灰白色至黄色，边缘深褐色，外围有黄色晕围。病情严重时，可见叶片上密密麻麻分布着病斑，并联合成不规则的大斑、造成较大的坏死区，致使叶片由叶尖或叶缘向下逐渐枯死，最后干枯。叶鞘病斑较大、数量较少。湿度大时，病斑长出暗灰色至黑色霉状物，即分生孢子梗和分生孢子。

2. 防治要点

（1）冬季清园，结合冬前割茬，收集病残老叶烧毁，减少越冬菌源。在茭白生长期间，应经常剥除植株基部黄叶、病叶和无效分蘖，以减少菌源并改善通风透光条件，收获后及时清除残体，集中烧毁。

（2）加强健身栽培，适时适度晒田，提高根系活力，增强植株抗病能力；加强肥水管理，增施有机肥，合理施用氮肥，尤其要注重早施钾肥或草木灰。对于酸性较强的土壤，可适量施用生石灰和草木灰，能明显减轻胡麻叶斑病发生。土壤 pH 在 4.5 以下时，每亩施生石灰 100～150 千克；土壤 pH 在 5～6 时，每亩施生石灰 50～75 千克。

（3）轮作换茬。发病重的田块结合茭白品种更新轮种其他作物，如茭白与旱生蔬菜轮作，可减少病菌在田间的积累，减少病害的发生。

（4）药剂防治。应在发病初期及时用药，每亩用 25％吡唑醚菌酯 25～30 毫升加水 45～60 千克或 20％腈菌唑乳油 1 500 倍液、10％苯甲·丙环唑 1 000～2 000 倍液、50％异菌脲 1 000～1 500 倍液喷雾防治，也可用 2％春雷霉素可湿性粉剂 250～300 倍液或 80％代森锰锌可湿性粉剂 1 000 倍液。每隔 7～10 天防治 1 次，连续防治 2～3 次，孕茭前停止用药。吡唑醚菌酯、苯甲·丙环唑对水生生物具有中等毒性，在养鱼茭白田禁止使用。

（三）纹枯病

1. 病害症状　该病主要危害叶片和叶鞘，分蘖期和孕茭期封行后易发病。病斑初期呈圆形至椭圆形，水渍状，扩大后为不定形，似云纹状，病斑中部露水干后呈草黄色，湿度大时呈墨绿色，边缘深褐色，病、健部分界明显，呈云纹状不规则形病斑。发病严重时，病部被蛛丝状菌丝缠绕，或由菌丝结成菌核。

2. 防治要点

（1）发病严重的茭白田最好进行水旱轮作。

（2）结合农事操作，及时清除下部的病叶、黄叶，改善通风透光条件。

（3）加强肥水管理，适时适度晒田。

（4）施足基肥，早施追肥，增施磷、钾肥，避免偏施氮肥，提高茭白植株抗性，减轻危害。

（5）药剂防治。药剂保护重点是植株上部的几片功能叶。发病初期用 30％苯醚甲环唑·丙环唑乳油 2 000 倍液或 15％井冈霉素可溶性粉剂 1 500～2 500 倍液、20％井冈霉素·三环唑悬浮剂 1 000 倍液、30％噻氟菌胺悬浮剂 2 000～2 500 倍液、24％井冈霉素水剂 1 666～2 000 倍液、50％异菌脲可湿性粉剂 800～1 000 倍液，每隔 7～10 天喷 1 次，连续喷 2～3 次。

（四）黑粉病

1. 病害症状　茭白黑粉病为系统性病害。染病后植株生长势减弱，症状具体表现在叶片、叶鞘和茭肉。叶片上表现为叶片增宽，叶色偏深呈深绿色。发病初期叶鞘上病斑为深绿色小圆点，以后发展成椭圆形瘤状突起，后期叶鞘充满黑色孢子团，使叶鞘呈墨绿色。茭肉发病时，菰黑粉菌充满茭白组织，鼓胀突起，茭白肉条体变短，外表面多有纵沟，粗糙，长不开裂，严重的茭肉全被厚垣孢子充满，横切茭肉可见黑色孢子堆，此时茭白肉不能食用，这就是常见的灰茭。

2. 防治要点

（1）农业防治。发生过茭白黑粉病的田块，应与旱地作物进行隔年轮作，坚持选用健壮不带病菌的优良茭种育苗和栽种。要将种苗老茭墩地上部割去，压低种墩，以便降低分蘖节位。对带菌种墩可用25％多菌灵可湿性粉剂＋75％百菌清可湿性粉剂（1∶1）600倍液浸种墩进行消毒处理。加强肥水管理，施足基肥，坚持科学用水，按不同生育期管理好水层，避免长期深灌。在老墩萌芽初期，疏除过密分蘖，使养分集中，萌芽分蘖整齐一致，便于田间水层管理，减少发病概率。结合中耕、追肥等农事操作，及时摘除下部黄叶、病叶，并携带出茭白田外销毁，以增强通透性。

（2）药剂防治。在发病初期及早施药，药剂可选用20％苯醚甲环唑微乳剂1 500～2 000倍液或10％苯醚甲环唑水分散粒剂1 000～1 200倍液、25％多菌灵可湿性粉剂＋75％百菌清可湿性粉剂（1∶1）600倍液、25％三唑酮可湿性粉剂1 000倍液（注意孕茭期千万不能用）喷雾防治。每隔7～10天喷雾1次，连续防治2～3次。若在多雨季节用药，注意雨后及时补喷。

（五）二化螟

1. 虫害症状　以幼虫危害茭白主茎叶鞘或分蘖的心叶，危害症状随虫龄和茭白生育期而异。蚁螟（初孵幼虫）一般蛀入叶枕以下的叶鞘，蛀入当天，从叶鞘外部可见密集的白色条状斑点，长度0.2～0.5厘米，白斑边缘呈水渍状；第二天叶鞘开始呈现黄萎状斑块，蛀虫多的叶鞘上出现大片水渍斑，以后逐渐变成暗红色，严重时枯心，叶鞘外常有虫孔。

2. 防治要点

（1）在茭白采收完毕后，应将茭白齐泥割除，带出田外将残株集中处理，减少残留活虫。当气温达到18℃以上时，茭白田灌深水（15～20厘米）淹没残茬5～7天，可淹死越冬幼虫。在田间管理中，及时清除虫伤叶鞘。茭白田周围种植诱虫植物（如香根草）诱集二化螟成虫产卵，并集中处理，能有效减轻茭白田二化螟危害。

（2）在二化螟成虫发生期用灯光诱杀，尤其是频振式杀虫灯诱杀效果更好，也可用二化螟性诱剂、糖醋酒液诱杀，茭白田养鸭控制，或者用"灯光诱杀＋性诱剂＋茭白田养鸭"的组合方式防治。

（3）非常必要时，在二化螟卵孵化高峰期至低龄幼虫期，每亩用2％甲氨基阿维菌素苯甲酸盐微乳剂35～50毫升或40％氯虫·噻虫嗪水分散粒剂3 333～5 000倍液、32 000国际单位/毫克苏云金杆菌可湿性粉剂333～500倍液，兑水45～60千克，主要对茭白植株叶鞘部位进行喷雾防治。另外，雷公藤根皮乙醇粗提取物600～800毫克/升、夹竹桃叶乙醇提取物800～1 000毫克/升、银杏叶乙醇提取物5～8克/升对二化螟也有较好的防治效果。

（六）长绿飞虱

1. 虫害症状 成虫、若虫有群集性，在叶片中脉附近栖息，以口器刺吸叶片汁液危害茭白植株。心叶、倒1叶和倒2叶受害最重，受害叶片发黄，严重时叶片从叶尖向基部逐渐枯萎，乃至全株枯死。

2. 防治要点

（1）在3月底前，清除地上部的枯叶、枯鞘，消灭长绿飞虱越冬虫源，压低其虫口基数；茭白田埂种植有花植物（如豆科植物），利用寄生性天敌自然控制长绿飞虱。

（2）在成虫发生期，用灯光诱杀，尤其是频振式杀虫灯诱杀效果更好，也可用色板诱杀，茭白田养鸭、养鱼控制，或者用"灯光诱杀＋色板诱杀＋茭白田养鸭（鱼）"的组合方式防治。

（3）在若虫孵化高峰期或低龄若虫期，每亩用65％噻嗪酮可湿性粉剂15～20克或25％噻虫嗪水分散粒剂5 000～8 333倍液、25％吡蚜酮可湿性粉剂1 666～2 500倍液、50％噻嗪酮＋20％啶虫脒（2.2：1）16～24克，兑水45～60千克进行喷雾防治。

（七）蚜虫

1. 虫害症状 多聚集在茭白叶片的正反面，以口针刺吸茭白嫩叶或嫩梢汁液，使叶片发黄，影响茭白正常生长。严重时，可使茭白叶片卷成筒状，提早枯死，影响产量。

2. 防治要点

（1）及时清除田间浮萍、绿萍等水生植物，减少田间虫口数量。

（2）保护利用田间瓢虫、蚜茧蜂、食蚜蝇、草蛉、食蚜盲蝽等自然天敌，抑制蚜虫的发生危害。

（3）在重发生区，加强田间虫情调查与监测，当半数叶片出现皱缩、田间有蚜株达到15％～20％、单株蚜量达到1 000头时，应进行药剂防治，可每亩用10％吡虫啉可湿性粉剂20克或65％噻嗪酮可湿性粉剂15～20克、20％苦参碱1 500倍液喷雾防治。

（八）福寿螺

1. 虫害症状　在茭白田，幼螺孵化后开始啮食茭白幼苗，尤其嗜食幼嫩部分，包括茭白的小分蘖，茭白孕茭后转向危害茭白肉，用粗糙的舌头刮取茭白的肉质，影响茭白品质，尤其对孕茭期较长的四季茭危害时间长、程度重。

2. 防治要点

（1）福寿螺冬季在溪河渠道、茭田水沟低洼积水处越冬，故应对越冬场所进行施药处理。特别严重田块，在茭白移栽前利用机械化耕作，打碎、压碎福寿螺；或者与其他旱生作物进行轮作，减少种群数量。

（2）茭白定植后在茭田四周开一条沟，利用分蘖期间进行搁田 1～2 次，把福寿螺引到水沟，集中施药处理。在茭白田灌溉水进出口处放一张金属丝或毛竹编织的网，可有效阻止福寿螺在茭白田间相互传播。

（3）产卵期间，在早晨和下午福寿螺最活跃时进行人工捡螺、摘卵；也可用毛竹竿（桩）诱集福寿螺产卵，减少卵量；还可在田里放芋头、香蕉、木瓜等引诱物诱集福寿螺。

（4）在幼螺期，利用茭白田套养中华鳖（鸭）捕食福寿螺，控制其发生数量。

（5）在幼螺期，用生石灰 45 克/米² 、茶皂素 6 克/米² 或每亩 4～5 千克茶籽饼直接施到耕好的田块或排水沟中，也可每亩用 500～700 克四聚乙醛拌土撒施。1.7％印楝素乳油 500～1 000 倍液、夹竹桃叶乙醇提取物 200～400 倍液对福寿螺幼螺也有较好的杀灭效果。

第六节　保鲜储藏与运输

一、茭白保鲜储藏方法

茭白娇嫩忌阳光，喜凉爽湿润的环境。若储藏温度过高，菰黑粉菌过度侵染，茭肉易变成灰色、黑色，从而降低食用价值；过分失水还易导致糠心。根据这些特性，采用正确的储藏和运输方法，决定了茭白的品质和经济效益。茭白储藏保鲜有利于缓解市场销售压力，延长供应时间，特别是有利于淡季供应，保障价格相对稳定，可以更好地发挥优质高效农产品的作用，丰富"菜篮子"工程。主要的储藏保鲜方法介绍如下。

1. 常温堆藏法　秋茭白一季茭采收后期，日平均气温已降到 20 ℃ 以下，可就地进行简易储藏。选室内或棚内阴凉场所，在地上铺一层薄膜，将带壳茭白整齐地码放其上，高度不宜超过 60 厘米，用一层草包或稻草覆盖，用喷壶浇洒清洁的凉水保湿，以保持草下湿润，这样可储藏保鲜 7 天左右。如果将每支带壳茭白基部削平，用硫酸铝钾（明矾）粉蘸一下，然后码堆储藏，则可储放 10～12 天。但在运销前，要用清水冲洗去基部的明矾。

2. 普通冷藏法　茭白的嫩茎由叶鞘抱合成的假茎所包裹，当叶片与叶鞘交界处（即茭白眼）收束成蜂腰状、肉质茎肥大细嫩时，便可采收。采收时，保持二三片"紧身"的叶鞘，它连同食用部位统称为水壳。如不及时采收，上壳开裂茭肉接触阳光后容易变青。带水壳储入 0～1℃冷库内，可保鲜 15～20 天，甚至还可储藏保鲜到 2 个月。如去水壳，密封在 0.04 毫米厚的聚乙烯塑料薄膜袋中再冷藏，则保鲜效果更好。普通冷藏法适宜于夏、秋季储藏。

3. 清水浸泡储藏法　把去掉水壳的茭肉放到缸、池等容器中，注入洁净水，还可以加入一些冰降温，压上重石，把茭肉浸入水中储藏，以后经常换水；或用 1％～2％明矾水浸泡茭肉，注意清除泡沫并经常加冰、换水。该方法还可以作为运输或其他储藏方法的预冷处理。

4. 储运直销储藏法　茭白采收后，只能以带壳茭进行包装和运输。到达目的地后，再剥去鞘壳，然后分级上市。在打包前，剔除破损、虫伤和剥去鞘壳过多的茭，已露出基部 1～2 节茭肉的带壳茭，以每 10 千克左右为一捆，理齐捆好，再用专用的包装袋或塑料编织袋包装，每包 40～60 千克，包扎牢固后，运到码头或车站装船或装车运输，用油布覆盖保湿。必要时，在运输前充分利用冷水预冷，提高产品的新鲜度，必须在 2～3 天内运达目的地。该方法不能长途运输，以防茭肉变质。

5. 薄膜包装保鲜储藏法　薄膜包装是保持果蔬质量和延长货架期的重要手段。用厚度为 0.04 毫米的聚乙烯保鲜袋密封包装，利用茭白本身释放的二氧化碳来提高包装内二氧化碳浓度以更好地储藏，在 0～7℃条件下，10％二氧化碳可大大减轻腐烂，保证茭白肉质洁白，品质良好。研究发现，复合保鲜膜（0.03 毫米）更适合于（1±1）℃和 90％～95％RH 下带壳茭白保鲜。

6. 气调保鲜储藏法　10 月的秋茭最适合用气调储藏，可至春节出售，大幅提高收益。茭白带叶 2～3 片，基部带薹管 1～2 节，入储前在茭白基部蘸一层明矾粉后再装入筐中，每筐装 10 千克左右，将筐摆放于塑料薄膜大帐内，放满后密封大帐。储藏期间，帐内温度控制在 0～1℃，二氧化碳浓度控制在14％～16％。此方法可保鲜储藏茭白 2 个月左右。

7. 减压保鲜储藏法　减压储藏是气调储藏的发展，又称为低压储藏或真空储藏。采用减压技术储藏茭白时发现，70～80 千帕压力储藏保鲜的效果较好，经 60 天储藏后，仍能保持较好的外观品质，保持了茭白的商品价值。

8. 加压保鲜储藏法　超高压技术是一种冷杀菌术，对食品的营养成分破坏小。茭白在 25℃、600 兆帕下处理 10 分钟后，茭白的失重率、呼吸强度明显降低，酶的活性显著下降，抗坏血酸和可溶性固形物含量以及色泽都得以最大限度地保留，茭白的生理活动大大减缓，营养成分得到有效的保护。

9. 化学保鲜储藏法 具体处理方法：将茭白用 50 毫克/千克赤霉素、1 克/千克苯甲酸钠混合液浸泡 15 分钟，用茭白专用袋包装。装箱后，及时放入冷库储藏。冷库温度 0～3 ℃，相对湿度 80%～90%。对于裸茭，低湿保鲜剂配方为 200 毫克/千克赤霉素＋0.1%明矾＋600 毫克/千克氯化钙＋500 毫克/千克焦磷酸钠＋5 克/千克苯甲酸钠。1 升溶液可以处理 200 千克裸茭。

10. 保鲜因子调控储藏法（南方型多用途微型保鲜库茭白保鲜方法） 目前，保鲜因子调控储藏法（由浙江省农业科学院研制）是茭白储藏中最实用、效果最好的一种方法，在江苏、浙江一带已大规模商业应用，可保鲜 2～3 个月。预处理时，要将茭白清洗干净，清除泥土杂质，然后立即进行预冷，最好采用水预冷方式。具体操作：将盛满洁净水的容器放入保鲜库，当水温达到 1 ℃左右时，将茭白放入水中降温。配制 0.1%专用生物保鲜剂溶液，将茭白放入其中浸泡 1 分钟，然后捞出晾干。将晾干后的茭白整齐地横放入保鲜专用袋中，不可竖放和挤压，每袋装 10～15 千克，袋口敞开。放入经硫黄熏蒸消毒的南方型多用途微型保鲜库（简称 SMCS 型库）或南方标准型农产品保鲜库（简称 NSS 型库）中，24 小时后封好袋口。茭白入库后，库内温度控制在 0～3 ℃，防止温度急剧变化；相对湿度保持在 90%以上；保持库内和保鲜袋内氧气浓度在 5%以下、二氧化碳浓度在 15%左右，若二氧化碳、氧气浓度过高或有浓郁的茭白味时，须及时开袋并采取通风措施。

二、储藏保鲜技术规程

科学合理的采收、处理及储藏管理等技术，直接影响储藏时间及效果。制定茭白低温长期储藏保鲜的采收、包装、入库、管理以及检验方面的技术规程，为茭白的规模储藏保鲜提供科学依据。

（一）储藏保鲜流程

田间→采收→挑选→分级→预冷→保鲜剂处理→表面干燥→包装→储藏。

（二）技术要点

1. 采收时期及品质要求 根据品种特性，适期采收，一般在 3 片外叶长齐、心叶短缩、孕茭部位显著膨大、紧裹的叶鞘裂开前，俗称"露白"前，为采收适期。留薹管 1～2 厘米，用锋利的不锈钢刀将其割断，勿伤邻近的分蘖。采收应选取大小一致、无病虫害及机械损伤的茭白。

2. 采收时间控制 尽量在每天 6：00—8：00，最晚不超过 10：00 采收。

3. 分级 采收的茭白先作挑选、分级处理。操作应在环境温度较低的地方进行，挑选品质优良的茭白，剪去过长的薹管，但不破坏最里面一层包裹茭肉的茭壳。剔除虫害、病害茭白，以及茭壳、茭肉过老，发青和受机械伤的茭白。茭白按等级分区放置。

4. 预冷　预冷应在挑选、分级完毕后立即进行。一般在采后 6～8 小时以内进行，若来不及挑选整理，也可先进行预冷。水预冷是茭白最好的预冷方式。若能采用专门的预冷设备，则预冷速度快、效果好。如果没有专门的预冷设备，可采用比较简单的方法，将盛满洁净水（井水、河水、溪水）的容器放入 0 ℃冷库中约 4 小时，待水温达到 1 ℃左右时，将从田间运回的茭白放入水中，使茭白的温度尽快降低。还可以采用简单强制通风预冷的方法。将包装箱或筐分散放在冷库中，靠较强的冷空气快速排出田间热和呼吸热，使产品温度快速降到 2 ℃以下。

5. 保鲜剂处理　先将茭白放入清水池中进行清洗，以清除田间泥土等杂质，确保后续处理及储藏保鲜效果。保鲜剂处理：使用浙江省农业科学院食品加工研究所研制的茭白专用保鲜剂，将其倒入干净的池水中，配制成 1％左右的均匀溶液，浸泡茭白 1 分钟，也可将保鲜剂放入预冷水中，使茭白预冷和药剂处理一起进行。

6. 表面干燥　茭白经保鲜剂处理后，捞出放在阴凉处晾干，以无水滴为准。

7. 包装　将保鲜剂处理过的茭白，轻轻地、整齐地横放入专用保鲜袋内，不可竖放、硬塞、挤压，每袋以 10～15 千克为宜，袋口敞开，入库，24 小时后封袋。茭白专用保鲜袋可自动调节二氧化碳和氧气的浓度，延长茭白储藏保鲜期。

8. 储藏　库温 0 ℃左右，湿度不低于 80％，保鲜袋内应保持合理的二氧化碳浓度（15％以下）及氧气浓度（5％以下）。若二氧化碳浓度过高，则易发生伤害。

9. 茭白的出库及分级处理　经储藏的茭白最好一次性出库，出库时库温应逐渐回升，有利于茭白出库后的货架保存。茭白出库后，应进行分级处理，按等级重新包装，以提高茭白的商品价值。

三、茭白储藏场地和用具的消毒

茭白的储藏场地要求地势高、阴凉通风、无鼠害和虫害。储藏前，先将场地打扫干净，并选择合适的消毒药进行消毒。将所有工具放入储藏场所后，每立方米空间用 10～15 克福尔马林密闭熏蒸 6～10 小时，然后打开门窗通风透气，散去味道后即可入储。

四、茭白运输

1. 控温运输方式　选择农产品冷藏运输车，采用控温方式运输，控温车应控制车厢温度不高于 5 ℃、相对湿度 85％～95％，保持车厢内各处温差不超过±2℃。茭白装车要求用专用的包装箱（筐、袋）装好，留有合适间隙，整齐摆放于车厢内，控制装货高度和运送总量，全程做到轻装、轻运和轻卸。控温运输不宜超过7天，适合用于中长途、长时间运输，保证茭白品质和营养。

2. 常温运输方式　适用于短途、短时间销运，选择普通交通工具运输，做好相关保温、保湿、防护或降温措施。如较长时间且在48小时内的销运，采用泡沫箱内加冰块和纸箱加0.03毫米聚乙烯保鲜袋的方法常温运输。运输物流方式可任意选择。48小时内保证茭白品质和营养。

第七节　包装标识

根据《农产品包装和标识管理办法》的要求，茭白包装应当选用符合储藏、运输、销售及保障安全要求方式，有利于拆卸和搬运。关于包装材料和包装形式，使用的包装材料、保鲜剂、防腐剂、添加剂等物质必须符合国家强制性技术规范要求，防止机械损伤和二次污染。包装销售的茭白，应当在包装物上标注或者附加标识标明品名、产地、生产者或者销售者名称、生产日期。有分级标准或者使用添加剂的，还应当标明产品质量等级或者添加剂名称。未包装的茭白，应当采取附加标签、标识牌、标识带、说明书等形式标明茭白的品名、生产地、生产者或者销售者名称等内容。茭白标识所用文字应当使用规范的中文。标识标注的内容应当准确、清晰、显著。销售获得绿色食品、有机农产品等质量标志使用权的茭白，应当标注相应标志和发证机构。不得冒用绿色食品、有机农产品等质量标志。

一、包装材料选择

茭白包装应遵循减量化原则，包装的体积和重量应限制在最低水平，包装的设计、材料的选用及用量应符合《限制商品过度包装要求　食品和化妆品》（GB 23350—2021）的规定。宜使用可重复使用、可回收利用或生物降解的环保包装材料、容器及其辅助物，包装废弃物的处理应符合《包装与环境　第1部分：通则》（GB/T 16716.1—2018）的规定。包装材料应符合相应的食品安全国家标准和包装材料卫生标准的规定。

二、标识标签要求

1. 产品名称　产品名称符合《蔬菜名称及计算机编码》（NY/T 1741—2009）的规定，使用茭白的规范名称，避免使用会引起消费者误解和混淆的常用名称或俗名，茭白名称应醒目地标示在包装的显著位置。在裸（散）装情况下，可采取附加标签、标识牌、标识带、说明书等形式，醒目地标识出茭白名称。

2. 质量状况　茭白包装物上应标明该产品执行的标准名称和标准号。经检验合格的茭白，应当附有产品质量检验或检疫合格证明。有分级标准的茭白，还应当标明鲜活茭白的质量等级。茭白等级按照相应的国家标准进行标注，并与包装内的实际情况相符。若获得产品或体系认证，则可标示必要的产品或体系认证信息；未获得认证的产品，不应使用相应的认证标志。销售获得绿色食品、有机农产品等质量标志使用权的茭白，可以在认证有效期内生产的该种产品上标注认证标志和发证机构的名称与标志。绿色食品的标签标识按照《绿色食品　包装通用准则》（NY/T 658—2015）的规定执行，有机食品的标签标识按照《有机产品　生产、加工、标识与管理体系要求》（GB/T 19630—2019）的规定执行。

3. 产地　外包装应标明茭白种植产地名称。产地标示应真实，应按照行政区划的地域概念进行标注。产地的标注区域详细度不应大于县级辖区。如区域详细度应标为"××市××县××基地"或"××市××县××乡（镇）"等。

4. 日期　标签标识上应标明茭白的生产日期（茭白的收获或采摘日期）。日期的标示方法按照《食品安全国家标准　预包装食品标签通则》（GB 7718—2011）的规定执行，应清晰标示茭白的生产日期和保质期。如日期标示采用"见包装物某部位"的形式，应标示所在包装物的具体部位。日期标示不得另外加贴、补印或篡改，应按年、月、日的顺序标示日期，如果不按此顺序标示，应注明日期标示顺序。

5. 储存条件与保质期　茭白标签标识上应当标明采用不同储藏方法情况下的保质期。保质期的标示方法如下：

（1）最好在××××之前食用。

（2）××××之前食用最佳。

（3）保质期（至）××××。

（4）保质期××个月［××日（天），××年］。

6. 生产者和（或）经销者的名称、地址和联系方式　茭白的标签标识应标明生产者和（或）销售者的名称、地址和联系方式。名称、地址和联系方式应当与企业注册及营业执照上的相同。地址的表示方法应当按我国行政区划的省（自治区、直辖市）、县、乡、村的官方名称。生产者和（或）经销者的名称、地址、联系方式应当是依法登记注册的、能依法承担茭白质量责任的生产商的名称、地址和联系方式。生产者和（或）经销者的具体情况及如何标示可按照《食品安全国家标准　预包装食品标签通则》（GB 7718—

2011）的规定执行。

7. 净含量和规格　标签标识上应标明单位包装中茭白的实际数量和（或）质量，即净含量及规格，使用的计量单位应当是法定计量单位。净含量（以质量计）的标签标识和允许短缺量应符合《定量包装商品计量监督管理办法》的有关规定。

8. 安全标识　茭白经检验合格，可标示"本产品农药残留、重金属含量符合强制性国家标准要求"。若在茭白的生产、加工、储藏、配送、销售过程中使用防腐剂、保鲜剂及违禁物质时，应注明所使用物质的名称。

三、标签标识的方式

标签标识印刷或标示在最小销售单元的茭白包装上，也可以标签的形式粘贴在最小销售单元的包装上。茭白标签标识应标注在农产品包装上或产品的醒目位置。茭白标签标识的内容可以用文字、符号、数字、图案、颜色及其他说明形式。标签标识的内容表述应准确、清晰、真实、简要。标签标识的文字、图形或符号应清晰、直观、规范、易懂。标签标识的字迹应清晰、持久、易于辨认和识读。标签标识中的文字、符号、数字、图案的颜色应与背景色或底色对比明显。标签标识使用的文字应是规范汉字。可同时使用相应的汉语拼音、外文或少数民族文字。汉语拼音、外文或少数民族文字字体应小于相应的汉字。少数民族地区或特殊产品上可用多种语言标示。标签标识的颜色应醒目、突出。应清楚并持久地印刷在颜色形成反差的基底上。产品标签标识应牢固，易于识别。应保证其在产品可预计寿命期的耐久性并保持清晰可见，不能在流通环节变得模糊甚至脱落，以保证消费者购买和食用时易于辨认。认证机构的标签标识的相关图案或文字应不大于国家认证标志。印制在获证产品标签、说明书上的认证标志，可按比例放大或者缩小，但不应变形、变色。鲜活农产品标签标识中若涉及包装运输储运的图示标志，可按照《包装储运图示标志》（GB/T 191—2008）和《运输包装收发货标志》（GB/T 6388—1986）的规定执行。直接接触茭白的包装材料应清洁、无毒；包装所用的印刷油墨、标签黏合剂应无毒无害，且不可直接接触茭白。

第四章
全产业链标准体系

第一节　标准体系构建的必要性

　　"十四五"时期是全面推进乡村振兴、加快农业农村现代化发展的关键时期。农业标准化能够快速推动农业发展，促进农业农村经济结构战略性调整，是全面推动乡村振兴的重要助力，也是我国农业转型升级的战略要求。农业标准化生产对保障农产品质量安全具有至关重要的作用，是产出放心农产品的关键。推进农业标准化，切实把农业产前、产中、产后全产业链各个环节纳入按标生产、依标监管的轨道，才能切实保障农产品质量安全。

　　随着消费热点的变化，我国农业产业的发展已从"量"（产能供给）转移到"质"（质量安全），再到"质""量"并举追求高质量综合发展上。近年来，我国茭白种植面积增长迅速，但在产业发展方向上，需要解决农药残留量超标、违规使用保鲜剂等"保底线"的问题，同时更需要"追高线"，即在保障农产品安全的基础上，进一步提升农产品的品质，强化农产品品牌建设。标准化对于提升农产品品质、打造农业品牌、提升农产品附加值具有重要的作用。因此，实施茭白全产业链标准化生产，以高标准引领高质量发展，是生产绿色优质茭白的有力保障。当前，我国茭白生产主体的标准化意识仍然较为薄弱。因此，强化全程质量控制，构建茭白全产业链标准体系，提高主体的按标准生产能力，才能为茭白产业的健康发展提供有力支撑。

第二节　茭白标准体系现状

一、国际标准现状

　　经查询，国际食品法典委员会（CAC）、欧盟、美国、日本、韩国、加拿大等国家、地区和组织在茭白的感官、营养品质等方面均未制定相应的标准。因此，仅对部分国家、地区和组织在茭白上的农药最大残留限量标准进行对比分析。其中，CAC对根茎类蔬菜中吡唑醚菌酯、吡虫啉等22项农药有限量要求，欧盟对茎类蔬菜中阿维菌素、矮壮素等 501 项农药残留限量有要求，日本"食品中残留农业化学品肯定列表制度"中对其他蔬菜的 321 项农药残留限量有要求。此外，英国对茎类蔬菜、韩国对块根蔬菜中的农药残留也有限定。我国制定的《食品安全国家标准　食品中农药最大残留限量》（GB 2763—2021）对茭白中的 94 种农药也作了相应的残留限量规定。

通过对茭白产业用药情况调查，发现茭白生产上常用的农药有 29 种。CAC、欧盟、日本和中国在茭白常用 29 种农药上的限量值，具体数据见表 4-1。通过各国标准的限量比对可知，已经制定限量的农药品种与实际生产中使用的品种具有一定的偏差，在茭白常用农药上，日本、欧盟、中国、CAC 分别制定了 20 项、13 项、9 项、4 项农药残留限量，相对而言，日本和欧盟制定的限量值覆盖较为全面。

表 4-1　不同国家、地区和组织制定的茭白常用农药残留限量值比较

单位：毫克/千克

农药名称	CAC	欧盟	日本	中国
阿维菌素	—	0.01	0.08	0.3
矮壮素	—	0.01	0.01	—
苯醚甲环唑	—	—	0.7	0.03
吡虫啉	0.5	0.5	5	0.5
吡蚜酮	—	0.02	0.6	—
吡唑醚菌酯	0.02	—	16	
丙环唑	—	0.01	5	0.1
草铵膦	—	—	0.3	
代森锰锌	—	—	—	
敌磺钠	—	—	—	
啶虫脒	—	0.01	5	
多菌灵	—	0.1	3	
多效唑	—	0.01		
甲氨基阿维菌素苯甲酸盐	—	0.01	0.5	0.1
井冈霉素	—	—	0.01	
乐果	—	—	1	0.01
氯虫苯甲酰胺	0.02	—	20	
咪鲜胺	2	—	2	0.5

（续）

农药名称	CAC	欧盟	日本	中国
嘧菌酯	—	—	70	—
噻虫嗪	—	—	3	—
噻呋酰胺	—	—	1	—
噻嗪酮	—	0.01	—	0.05
三环唑	—	0.01	0.01	—
三唑磷	—	—	—	0.05
杀虫双	—	—	—	—
霜脲氰	—	0.01	—	—
苏云金杆菌	—	—	—	—
烯唑醇	—	0.01	—	—
异菌脲	—	—	20	—

注：由于日本制定的常用农药残留限量值中无茭白类别，因此按照其他蔬菜的类别整理出限量值。

二、国内标准制定现状

目前，国内茭白相关现行有效标准共检索到 124 项。其中，国家标准 18 项、农业行业标准 37 项、商业及进出口行业标准 4 项、地方标准 43 项（涉及浙江、安徽、江苏、湖北、湖南、辽宁、贵州、上海、江西、宁夏 10 个省份）、团体标准 22 项（涉及中国农业机械化协会、浙江省农产品质量安全学会、浙江省绿色农产品协会、丽水市生态农业协会、常德市农学会、云南省标准化协会、潮州市烹调协会、衢州市食品科学技术学会、中山市个体劳动者私营企业协会 9 个团体），具体见表 4-2。从标准类型上看，以行业标准和地方标准为主，占标准总量的 67.8%。

表 4-2 不同类型标准数量及比例

标准类型	标准数量（项）	所占比例（%）
国家标准	18	14.5
行业标准	41	33.1
地方标准	43	34.7
团体标准	22	17.7
合计	124	100

2023 年 3 月 1 日，新版《国家标准管理办法》正式实施，对国家标准的

范围、知识产权保护、标准验证工作制度等增加了新的规定。其中，一个重大修改就是明确了团体标准转化为国家标准的路径，拓宽了标准化渠道。在团体标准转化为国家标准方面，为促进政府颁布标准和市场自主制定标准的协调与衔接，拓宽政府颁布标准的供给渠道，缩短制定周期，更大范围地推广标准化成果，《国家标准管理办法》明确了团体标准转化为国家标准的路径。近年来，团体标准发展较快，在茭白的团体标准制定上，2023 年 1—8 月就已制定了 6 项团体标准，相信团体标准在短期内会成为标准数量的一大增长点。

从标准内容来看，目前已制定的标准内容涵盖产地环境、种质种苗、农业投入品、生产技术、植物保护、等级规格、储运保鲜、流通规范、产品标准和质量管理等多个方面。从标准体系来看，现行标准基本能够涵盖茭白全产业链，标准类型以地方标准为主，标准内容以生产技术为主（占标准总数的34.7%），在加工、流通、销售等方面的标准很少，反映出在全产业链各环节的标准制定方面出现不均衡的现象。因此，仍需不断完善标准体系，满足产业发展需求。

三、国内标准适用性和时效性分析

从标准制定的年限上对标准的适用性和时效性进行分析，在产业快速发展时期，若标准修订不及时，会导致标准内容与产业实际偏差增大，进而导致标准的适应性变差。表 4 - 3 统计了截至 2023 年 8 月，茭白相关标准的制定情况。由表 4 - 3 可知，2018—2023 年，我国茭白的标准制定数量相对较多，这离不开团体标准的贡献。从近 10 年来看，2021 年茭白相关的标准制定数量最多，共制定标准 14 项。其中，国家标准 2 项、行业标准 3 项、地方标准 7 项、团体标准 2 项。

表 4 - 3　我国茭白相关标准制定情况

单位：项

标准制定年份	国家标准	行业标准	地方标准	团体标准	合计
2023		3		6	9
2022	1	3	2	3	9
2021	2	3	7	2	14
2020	1	1	4	4	10
2019		1	4	2	7
2018	2	1	4	5	12
2017		1	2		3
2016	2	3	2		7

（续）

标准制定年份	国家标准	行业标准	地方标准	团体标准	合计
2015	1	3			4
2014	3		4		7
2013 及以前	6	22	14		42
合计	18	41	43	22	124

由图 4-1 可知，我国 2019—2023 年制定的茭白相关标准共 49 项。其中，国家标准 4 项、行业标准 11 项、地方标准 17 项、团体标准 17 项，占茭白相关标准总数量的 39.5%。2014—2018 年制定的茭白相关标准共 33 项。其中，国家标准 8 项、行业标准 8 项、地方标准 12 项、团体标准 5 项，占茭白相关标准总数量的 26.6%。2013 年及以前制定的茭白相关标准共 42 项。其中，国家标准 6 项、行业标准 22 项、地方标准 14 项，占茭白相关标准总数量的 33.9%。在国际上，一项技术标准一般在 3~5 年应当修订 1 次。若按此标准，我国 60.5% 的茭白相关标准需要进行修订。因此，应尽快对制定年限较长的标准进行修订，以适应茭白产业的快速发展。

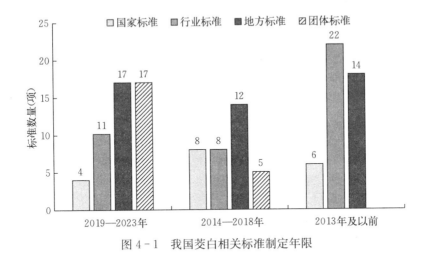

图 4-1　我国茭白相关标准制定年限

第三节　全产业链标准体系构建

一、构建原则

构建茭白全产业链标准体系，必须立足新发展阶段、贯彻新发展理念、构建新发展格局，坚持"目标引领、贯通全程、协调优化"的原则。坚持以推动茭白生产绿色化、优质化、特色化、品牌化发展为目标，提高茭白质量安全、提升茭白营养品质为导向，突出品种优化、品质提升、安全保障等关键环节，以茭白产品为主线，以全程质量控制为核心，标准体系各层级之间应协调统一、结构优化、分类明确、层次清晰、便于使用。

二、标准体系框架

茭白全产业标准体系是涉及茭白产业发展的多领域、多行业、多环节综合性标准体系，包括科研、生产、流通等领域，涵盖种植业、加工业、贸易流通等行业，涉及育种、栽培、采收等环节。实现茭白品质提升、质量安全保障，需要全产业链的统一化和标准化。笔者通过对茭白产业及标准的调研分析，初步提出茭白全产业链标准体系框架。标准体系框架主要分为 3 个层级：第一层为基础标准、产地环境、生产过程、产品及处理、贸易流通 5 个部分，第二层级、第三层级为上一层级的展开内容，具体见图 4-2。

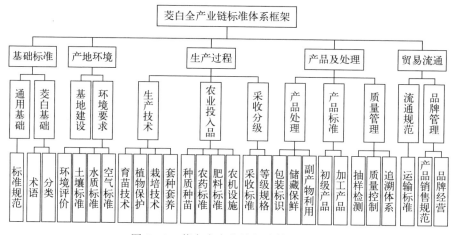

图 4-2　茭白全产业链标准体系框架

三、标准体系内容

（一）基础标准

基础标准是标准体系的基石，是制定其他相关标准的依据，也是开展茭白全产业链标准化工作的支撑和保障，为茭白全产业中不同环节的标准制定提供一种共同遵守的通用技术依据。基础标准包括通用基础标准和茭白基础标准，通用基础标准主要为标准规范相关标准，茭白基础标准包括术语、分类等基础技术类标准。目前，我国已制定《标准化工作导则　第 1 部分：标准化文件的结构和起草规则》（GB/T 1.1—2020）、《标准体系构建原则和要求》（GB/T

13016—2018）等标准编制及标准化工作的基础标准，但尚未制定茭白基础相关的标准，具体见表4-4。构建茭白标准体系，首先需对标准体系中的茭白相关术语和分类有一个统一的认识。目前，茶叶、肉与肉制品、食用菌等产品已制定了相应的术语标准。因此，有必要对茭白产业相关的术语和分类形成统一的标准，加强茭白基础标准的制定。

表4-4　茭白全产业链标准体系基础标准

对应标准体系			标准号	标准名称
基础标准	通用基础	标准规范	GB/T 1.1—2020	标准化工作导则　第1部分：标准化文件的结构和起草规则
			GB/T 13016—2018	标准体系构建原则和要求
			GB/T 12366—2009	综合标准化工作指南
			GB/T 31600—2015	农业综合标准化工作指南
	茭白基础			无

（二）产地环境

产地环境标准体系主要包括环境要求和基地建设两部分内容，具体见表4-5。环境要求主要是生产基地的水质、土壤、空气及环境评价标准，现行的国家标准及行业标准均为针对种植业大类的环境要求。其中，绿色食品及无公害产品对产地环境有相应的要求。目前，我国已制定银耳、人参、马铃薯等农产品的基地建设规范标准，但尚无针对茭白基地建设的相关标准。生产基地的功能区划分、安全设施、管理体系等是实施茭白标准化生产的基础，茭白是水田作物，因此，基地建设的排灌系统设计对生产有着重要的影响。

表4-5　茭白全产业链标准体系产地环境标准

对应标准体系		标准号	标准名称
产地环境	环境要求	GB 5084—2021	农田灌溉水质标准
	水质标准		
	土壤标准	GB 15618—2018	土壤环境质量　农用地土壤污染风险管控标准（试行）
	空气标准	GB 3095—2012	环境空气质量标准
		NY/T 5010—2016	无公害农产品　种植业产地环境条件
		NY/T 5295—2015	无公害农产品　产地环境评价准则
	环境评价	NY/T 391—2021	绿色食品　产地环境质量
		NY/T 1054—2021	绿色食品　产地环境调查、监测与评价规范
		NY/T 4154—2022	农产品产地环境污染应急监测技术规范
	基地建设		无

（三）生产过程

生产过程标准体系是全产业链标准体系的重中之重，是标准体系的主要内容。生产过程的第二层级包括生产技术、农业投入品和采收分级三部分。现有标准中，生产技术的第三层级育苗技术、植物保护、栽培技术和套种套养已分别制定了3项、7项、21项和13项标准，具体见表4-6。在标准类别上，以地方标准和团体标准为主，各主产区根据自身的地域特点，因地制宜地制定相应的生产规程，形成多种套种套养模式。

表 4-6 茭白全产业链标准体系生产过程标准

对应标准体系		标准号	标准名称
生产技术	育苗技术	DJG330483/T 085—2021	董家茭白薹管育苗技术规范
		DB34/T 519—2005	双季茭白选种及繁育技术规程
		DB42/T 1785.2—2021	水生蔬菜良种繁育技术规程 第2部分：茭白
	植物保护	NY/T 1464.59—2016	农药田间药效试验准则 第59部分：杀虫剂防治茭白螟虫
		NY/T 1464.65—2017	农药田间药效试验准则 第65部分：杀菌剂防治茭白锈病
		NY/T 1464.70—2018	农药田间药效试验准则 第70部分：杀菌剂防治茭白胡麻叶斑病
		NY/T 2152—2012	福寿螺综合防治技术规程
		DB3307/T 83—2018	茭白二化螟防治技术规程
		T/YNBX 019—2020	蔬菜水果植物生长调节剂使用准则
		T/ZNZ 002—2018	茭白主要病虫防治指南
	栽培技术	NY/T 2723—2015	茭白生产技术规程
		DB32/T 2105—2012	茭白塑料大棚栽培技术规程
		DB32/T 3180—2017	茭白秋延后大棚栽培技术规程
		DB3201/T 082—2005	茭白生产技术规程
		DB33/T 914—2022	茭白绿色生产技术规程
		DB3305/T 160—2020	双季茭白栽培技术规程
		DB3308/T 062—2020	茭白绿色生产技术规范
		DB34/T 638—2006	高山茭白生产技术规程
		DB36/T 1185—2019	茭白冷水生产技术规程
		DB36/T 1507—2021	双季茭白栽培技术规程
		DB42/T 1025—2014	茭白生产技术规程
		DB42/T 298.3—2022	水生蔬菜栽培技术规程 第3部分：茭白
		DB42/T 840—2012	有机蔬菜水生蔬菜生产技术规程

（续）

对应标准体系	标准号	标准名称
栽培技术	DB4228/T 58—2021	绿色食品山区单季茭白生产技术规程
	DB43/T 511—2010	茭白栽培技术规程
	DB5227/T 104—2021	山地茭白栽培技术规程
	T/CDNX 020—2020	茭白富硒栽培技术规程
	T/LSSGB 010—2019	丽水山耕：优质茭白安全生产规范
	T/ZNZ 196—2023	绿色食品　黄岩茭白生产技术规范
	T/ZLX 053—2023	绿色食品　缙云茭白生产技术规范
	T/ZNZ 195—2023	双季茭白棚内覆地膜促早栽培技术规范
生产技术　套种套养	DB32/T 1687—2010	茭白-克式原螯虾共作技术规程
	DB32/T 2422—2013	茭白-慈姑套作栽培技术规程
	DB32/T 3369—2018	"西瓜-秋茭白-夏茭白-慈姑"二年四熟水旱轮作设施高效栽培技术规程
	DB3205/T 136—2007	无公害农产品　藕、茭白、芡实、水芹二年五熟套种技术规范
	DB33/T 2184—2019	茭白-中华鳖生态共作技术规范
	DB3302/T 104—2010	中华鳖套养技术规范
	DB34/T 1515—2019	茭白、克氏原螯虾生态共生技术规程
	DB34/T 3330—2019	茭鳖共生操作规程
	DB34/T 4000—2021	高山茭白-番茄轮作栽培技术规程
	DB42/T 1200—2016	茭白-荸荠轮作栽培技术规程
	T/ZNZ 045—2020	茭白-鸭生态共育技术规范
	T/ZNZ 073—2021	茭白-泥鳅共育技术规范
	T/ZNZ 191—2023	茭白水稻二年四熟轮作技术规范
农业投入品　种质种苗	NY/T 1311—2007	农作物种质资源鉴定技术规程　茭白
	NY/T 2183—2012	农作物优异种质资源评价规范　茭白
	NY/T 2498—2013	植物新品种特异性、一致性和稳定性测试指南　茭白
	NY/T 2941—2016	茭白种质资源描述规范
	NY/T 4206—2022	茭白种质资源收集、保存与评价技术规程
	DB32/T 1378—2009	白种茭白品种
	DB42/T 1199—2016	水生蔬菜种子

（续）

对应标准体系		标准号	标准名称
农业投入品	农药标准	GB 12475—2006	农药储运、销售和使用的防毒规程
		NY/T 1276—2007	农药安全使用规范　总则
		NY/T 393—2020	绿色食品　农药使用准则
		T/LSSGB 008—2018	丽水山耕：农药安全使用规范
	肥料标准	NY/T 1105—2006	肥料合理使用准则　氮肥
		NY/T 1535—2007	肥料合理使用准则　微生物肥料
		NY/T 1868—2021	肥料合理使用准则　有机肥料
		NY/T 1869—2010	肥料合理使用准则　钾肥
		NY/T 394—2023	绿色食品　肥料使用准则
		NY/T 496—2010	肥料合理使用准则　通则
		T/LSSGB 009—1—2018	丽水山耕：肥料安全使用规范
	农机设施	T/CAMA 05—2019	植保无人飞机农药使用规范
		T/CAMA 38—2020	露地蔬菜生产机械化水平评价方法
采收分级	采收标准	T/ZNZ 004—2018	茭白采收与储运技术规范
	等级规格	NY/T 1834—2010	茭白等级规格
		T/ZNZ 197—2023	茭白品质评价规范

　　农业投入品是指农产品生产过程中使用或添加的物质，包括种质种苗、农药、肥料、农机设施等。目前，在种质种苗、农药及肥料3项内容上，制定的茭白相关标准已相对完善，能满足产业生产需求。在农机设施上，机械化是茭白产业发展的趋势，也是目前的产业瓶颈，产业上已研发出删苗机、茭墩清理机等小型机械化设备，解决机械化设施设备问题将有力地推动标准化生产的实施。

　　采收分级包括采收标准、等级规格2个层级。目前，茭白的等级规格已制定了行业标准及团体标准，但行业标准制定的时间已达14年，亟须进行标准制修订，以适应产业的发展。茭白的品种不同，茭白的大小规格及质量指标均具有一定的差异。因此，宜根据茭白的品种及地域特点制定相应的等级规格标准，满足产业需求。农产品的等级不仅体现在外形规格上，还体现在营养、风味等方面，营养品质的划分是今后的发展方向。近年来，人们对农产品的营养品质越来越注重，《茭白品质评价规范》（T/ZNZ 197—2023）也是首次对茭白的品质等级进行划分。随着后期对茭白营养品质的研究深入，品质的划分会越来越规范。

（四）产品及处理

产品及处理标准体系包括产品处理、产品标准、质量管理 3 个部分。产品处理包括包装标识、储藏保鲜和副产物利用 3 个方面，具体见表 4-7。包装标识主要是针对茭白的包装材料、包装技术、标识规范等方面进行规范，包装标识是农产品品牌打造的主要手段，随着我国包装技术的不断改造升级，预制菜、精品菜等消费热点的兴起，对农产品包装标识的要求也逐渐提高，《蔬菜包装标识通用准则》（NY/T 1655—2008）等制定年限过长的标准宜进行修订。茭白副产物的有效利用不仅能减轻环境负担，还能增加经济效益，虽然在产业中已有茭白秸秆果园浮面覆盖、青叶饲料化和菌菇基质化等多方面利用，但均未形成相应的标准。

表 4-7　茭白全产业链标准体系产品及处理标准

对应标准体系		标准号	标准名称
产品及处理	产品处理	GB/T 191—2008	包装储运图示标志
		GB/T 31268—2014	限制商品过度包装　通则
		GB/T 32950—2016	鲜活农产品标签标识
		GB/T 33129—2016	新鲜水果、蔬菜包装和冷链运输通用操作规程
	包装标识	NY/T 1655—2008	蔬菜包装标识通用准则
		SB/T 10158—2012	新鲜蔬菜包装通用技术条件
		SB/T 10158—2012	新鲜蔬菜包装与标识
		SN/T 1886—2007	进出口水果和蔬菜预包装指南
		DB42/T 949—2014	蔬菜净菜加工和包装技术规范
		DB4201/T 408—2010	蔬菜净菜加工和包装技术规范
		DB44/T 465—2008	预包装储运蔬菜标识
		DB61/T 379—2006	蔬菜外包装箱规格与标识标注规范
	储藏保鲜	NY/T 3416—2019	茭白储运技术规范
		DB3302/T 098—2018	茭白储运保鲜技术规范
		T/LSSGB 001—014—2018	丽水山耕：茭白保鲜技术储运手册
		T/ZNZ 004—2018	茭白采收与储运技术规范
	副产物利用		无

（续）

对应标准体系		标准号	标准名称
产品标准	初级产品	NY/T 1405—2023	绿色食品　水生蔬菜
		NY/T 835—2004	茭白
		DB31/T 438—2014	地理标志产品　练塘茭白
		DB330483/T 024—2017	绿色食品　董家双季茭白
		DB34/T 3279—2018	地理标志产品　岳西茭白
		T/ZSGTS 161—2023	香山之品　茭白
		T/QSJX 005—2022	杜泽茭白
	加工产品	GB/T 31273—2014	速冻水果和速冻蔬菜生产管理规范
		NY/T 1081—2006	脱水蔬菜原料通用技术规范
		DB31/T 208—2014	小包装蔬菜加工技术规范
		DB37/T 3439.96—2018	鲁菜虾籽烧茭白
		T/CZSPTXH 219—2022	潮州菜　水笋（茭白）炒猪肉烹饪工艺规范
产品及处理	抽样检测	GB/T 5009.199—2003	蔬菜中有机磷和氨基甲酸酯类农药残留量的快速检测
		NY/T 448—2001	蔬菜上有机磷和氨基甲酸酯类农药残毒快速检测方法
		SN/T 0148—2011	进出口水果蔬菜中有机磷农药残留量检测方法　气相色谱和气相色谱-质谱法
质量管理		SN/T 4138—2015	出口水果和蔬菜中敌敌畏、四氯硝基苯、丙线磷等88种农药残留的筛选检测　QuEChERS-气相色谱-负化学源质谱法
		NY/T 2103—2011	蔬菜抽样技术规范
		NY/T 762—2004	蔬菜农药残留检测抽样规范
	质量控制	GB 2760—2014	食品安全国家标准　食品添加剂使用标准
		GB 2762—2022	食品安全国家标准　食品中污染物限量
		GB 2763—2021	食品安全国家标准　食品中农药最大残限量

（续）

对应标准体系		标准号	标准名称
产品及处理	质量管理 质量控制	NY/T 4327—2023	茭白生产全程质量控制技术规范
		DB21/T 1747.2—2009	出口蔬菜水果区域化基地质量安全控制规范　第 2 部分：生产过程控制与管理
		DB31/T 438—2009	练塘茭白质量安全要求
		DB3307/T 112—2020	茭白生产全产业链管控技术规范
		T/ZNZ 106—2022	茭白质量控制技术规范
		GB/T 29373—2012	农产品追溯要求　果蔬
		NY/T 1761—2009	农产品质量安全追溯操作规程　通则
	追溯体系	NY/T 1993—2011	农产品质量安全追溯操作规程　蔬菜
		NY/T 1431—2007	农产品追溯编码导则
		DB37/T 4027—2020	食用农产品可追溯供应商通用规范　果蔬

产品标准主要包括初级产品和加工产品。初级产品主要指未经加工的新鲜蔬菜茭白产品标准，目前有 2 个行业标准、3 个地方标准和 2 个团体标准。加工产品共有 5 标准，包括 1 个国家标准、1 个行业标准、2 个地方标准和 1 个团体标准。我国的茭白仍以鲜食为主，初加工及深加工茭白产品发展缓慢，后续随着茭白营养价值的不断开发和挖掘，相应的茭白加工标准也将不断完善。预制菜是近年来的研究热点，在人们生活节奏加快的今天，消费者不断追求方便、快捷和高效，茭白的预制菜研发也是今后产业发展的方向。

质量管理包括抽样检测、质量控制和追溯体系 3 个方面。抽样检测主要是茭白产品的抽样标准及其中农药、添加剂等有毒有害物质的检测，在茭白的常规农药检测上，我国的标准已比较全面，但在茭白的营养品质，尤其是特有品质（如木质素等）的检测方法仍有待进一步研究，以形成标准。质量控制是终端茭白产品质量安全的保障，目前已制定《茭白生产全程质量控制技术规范》（NY/T 4327—2023），以满足产业需求。追溯体系有助于发现产业安全漏洞、减少安全风险，《农产品追溯要求　果蔬》（GB/T 29373—2012）已作出相应的规定。

（五）贸易流通

贸易流通是茭白产品从生产基地到消费者的最后一步。茭白产品的流通规范和品牌管理是茭白产业升级发展的重要保障。流通规范主要是茭白的储藏运输，现已制定了茭白储藏运输相关的农业行业标准、地方标准和团体标准。品牌管理包括产品销售规范和品牌经营，目前，茭白的品牌管理相关标准为标准体系的短板。我国农产品长期以来以粗放型、批量销售的消费方式为主，品牌文化、品牌建设等方面相对薄弱。品牌是重要的无形资产，应加强优质茭白产品的品牌培育，促进经济效益的提升。茭白全产业链标准体系贸易流通标准见表 4-8。

表 4-8 茭白全产业链标准体系贸易流通标准

对应标准体系		标准号	标准名称
贸易流通	流通规范 运输标准	NY/T 3416—2019	茭白储运技术规范
		DB65/T 4432—2021	生鲜农产品冷链流通规范
		T/LSSGB 001—014—2018	丽水山耕：茭白保鲜技术储运手册
		T/ZNZ 004—2018	茭白采收与储运技术规范
	品牌管理 销售规范	T/DGECA 008—2021	农产品电子商务销售服务规范
	品牌经营	NY/T 4169—2022	农产品区域公用品牌建设指南

第四节 全产业链标准体系存在问题

一、系统性和完整性不强

我国的茭白标准制定已初具规模，但却未形成完整的标准体系，茭白的标准较散，从全产业链标准体系构建的角度分析，目前在茭白基础标准、茭白基地建设、茭白绿色防控技术、茭白副产物利用、营养功能型茭白生产技术、茭白预制菜、茭白深加工产品等方面存在制修订的必要性，以弥补全产业链标准体系的系统性和完整性。

此外，标准之间内容交叉重叠。例如，国家除了单独的安全卫生标准外，茭白的产品质量标准既有质量要求，也有安全卫生要求，有时两者的规定尚不一致，如《茭白》（NY/T 835—2004）等。同时，农业标准在层级上的不配套现象也十分突出。主要表现在国家标准、行业标准和地方标准雷同、重复，甚至同时缺位。同一产品质量安全方面的标准，国家标准、行业标准、地方标准并存的现象较为普遍，而且许多指标不统一或者相差悬殊。

二、标准适用性较差

按照国际通行做法，一项技术标准一般经过 3～5 年即应当修订 1 次，而我国茭白相关的国家标准、行业标准中，制定年限在 10 年以上的占 33.9%，5～10 年的占 26.6%。由于标准修订不及时，造成许多技术内容相对陈旧，不仅起不到规范生产的作用，在一定程度上还制约了技术的应用和发展。例如，在《农药合理使用准则》系列标准（GB/T 8321）中，在茭白上可使用药物的选择余地很小，不利于生产实际与标准的推广转化。在生产实际中，代森锰锌、苯醚甲环唑、烯唑醇、腈菌唑、甲基托布津等常用于防治锈病、胡麻叶斑病和纹枯病；吡虫啉、啶虫脒、双甲脒等用于防治螟虫、长绿飞虱和锈螨等虫害；四聚乙醛常用于防治软体动物福寿螺。但上述常用药品均未在茭白上登记。这与我国长期以来对茭白病虫草害防治的需求不相适应，茭白登记农药品种无法满足茭白生产中锈病防治的需求。

三、标准内容针对性不强

标准作为规范生产贸易行为和评判产品质量的技术准则，应有其鲜明的调控对象和制标目的。在国际上，制定标准的目的，要么是规范生产，要么是保证贸易和市场交易，要么是保障消费安全和保护生态环境，或者是三者兼顾。而我国的有些农产品安全标准，无论是国家标准，还是行业标准、地方标准，在制定时服务对象不是很明确，因而导致针对性不强。在农产品安全限量指标设置上，普遍存在着产品分类笼统、限量指标宽严不一的问题。在茭白中，除了豁免制定食品中最大残留限量标准的苏云金杆菌外，我国现行国家标准《食品安全国家标准　食品中农药最大残留限量》（GB 2763—2021）和《食品安全国家标准　食品中 2,4 -滴丁酸钠盐等 112 种农药最大残留限量》（GB 2763.1—2022）已制定了阿维菌素、丙环唑、甲氨基阿维菌素苯甲酸盐、咪鲜胺和咪鲜胺锰盐、百草枯等 94 种农药在茭白中的最大残留限量标准，但仍有很多药物缺少限量指标，从而导致在实际监管中无标可依。经梳理，需要设定限量的农药主要包括 3 类：一是氯虫苯甲酰胺、吡蚜酮、井冈霉素等茭白上已登记的农药；二是吡虫啉、啶虫脒、多菌灵、腐霉利、敌磺钠和矮壮素等目前在茭白实际生产中广泛使用的农药；三是三唑磷等蔬菜禁用农药在茭白中的最大残留限量。

四、产业应用程度不高

部分标准的使用地域及品种等受到限制，标准实际使用及转化率不高，生产企业应用难度较大。主要表现在两个方面：一是农业标准运用能力差。农业标准化的过程就是在农业生产、经营、管理各个环节实施农业标准的过程。长期以来，我国农业生产者标准化意识较为淡薄，生产中更多是依靠主体生产经验的口口相传，导致标准的实际使用及转化率较低。农业标准化水平如何，关键在于农业标准应用的深度和广度，能否把规范文本转化为农民简明易懂的"操作要点"或"数字档案"。虽然我国在农业标准实施方面有了一定进展，但目前还限于小范围示范阶段，受示范区建设资金、政策和技术的限制，示范区在基础设施建设、标准体系构建、宣传培训等方面后劲不足，整体示范带动效果并不理想，离农业标准化理念的全面应用、农业标准的深入实施还有一定的差距。二是农业标准化意识不强。过去很长一段时期，我国农业发展以满足城乡居民对农产品的数量需求为主要目标，加之对大宗农产品及其农业投入品实行的是统购包销和由国家供销企业独家经营的政策，农业标准可有可无，农业生产者标准化意识较为淡薄。随着国内农产品供求格局的根本变化和农业发展进入新的阶段，农业标准的功能与作用逐渐显现，农业标准化日益受到关注和重视。虽然我国在农业标准的宣传普及和培训上下了很大功夫，但总体来讲，农业生产经营者的标准化意识还不强，农业标准化理念和方法的传播还需进一步加强。

第五节　全产业链标准化发展建议

一、加强技术研究，完善标准体系

通过对茭白现有标准体系的梳理分析，发现在标准体系中仍有多个方面需要进一步完善。标准的制修订应建立在前期深厚的专业技术、检测技术等基础之上。因此，应加强茭白全产业链标准的前期研究，尤其是开展茭白的基地建设、机械化生产、功能成分检测、加工产品研发和品牌建设管理等薄弱环节的技术研究，拓宽发展思路，解决产业瓶颈，加快产业发展进程。依托科研院所、生产企业等技术单位对《茭白等级规格》（NY/T 1834—2010）等制定年限过长的标准进行复审修订，提高标准的科学性和适用性。开展全产业链标准体系查漏补缺，补齐体系短板，完善体系不足，为茭白全产业链标准化生产提供技术支撑和保障。

二、培育新型农业人才，提高标准化意识

全产业链标准体系是动态的，需要根据市场需求、产业发展不断更新迭代，标准体系的构建和完善依托新型标准化农业人才建设，标准体系的实施以主体的标准化意识为基础，因此，应打造农业标准化培训平台，提升农业农村标准化人员队伍的业务素养和专业技能。加快培育并发展具备专业技术、标准化知识的农业农村标准化推广队伍，深入茭白生产基地开展标准化培训活动。目前，茭白的生产主体以中老年为主。因此，应促进标准材料的简明化应用，使生产者看得懂、学得会、记得牢、用得上，提高主体的标准化生产意识。

三、健全协调机制，推动标准化生产

茭白全产业链的构建与实施需要多方协作、共同推动，应加强生产、科研、监管等机构的工作衔接，建立长效发展机制。农业标准化的实现离不开基础设施的建设，基础设施的建设进一步推动机械化生产，机械化生产有助于农产品质量安全的控制，在全产业链标准体系中各个部分之间相互衔接、相互作用、相互影响。因此，应健全标准制定、实施、监督协调机制，标准相关利益主体应在茭白全产业链上紧密配合，加快茭白产业的产能融合，共同推动茭白标准化生产。

第五章

品 质 提 升

第一节 茭白品质识别

茭白肉质洁白，性味甘寒，具有清热除烦、解毒、利二便的功效，还有利于退通乳汁，对于黄疸型肝炎和产后少乳，也有一定的辅助疗效。

根据《茭白种质资源收集、保存与评价技术规程》（NY/T 4206—2022），茭白品质主要从感官品质和营养品质 2 个方面衡量。其中，感官品质性状主要包括茭壳饱满度、颜色、净茭长度、粗度、表皮光滑度、皮色、肉质茎质地。营养品质性状主要包括干物质、粗纤维、可溶性糖、维生素 C、粗蛋白和氨基酸含量。

一、茭白感官品质

茭白色泽是评判其品质的重要指标之一，高品质茭白表皮鲜嫩洁白；硬度是判断质地、衡量果实衰老程度及耐储性的一个重要指标，一般随着茭白成熟衰老而降低，茭白硬度变化也是衡量储藏效果的一个重要指标。

目前，茭白感官品质的测定方法主要有仪器直接测定法和分光光度法。周涛等（2002）采用色差计测定了茭白表皮的色泽（L^*、a^*、b^*），通过分光光度法测定了茭白表皮叶绿素含量，采用材料测试仪 L1000S 测定了茭白嫩度。结果表明，在不同热处理时间和温度条件下，茭白叶绿素的质量分数处于（203.40±8.99）～（292.94±17.46）微克/克，其嫩度处于（73.40±15.99）～（92.94±17.02）牛顿。杨性民等（2013）采用 CR-410 型色差计进行茭白色泽的测定，颜色通过亮暗度（L^*）、红绿度（a^*）、黄蓝度（b^*）表示，使用 TA-XT plus 型质构仪测定其质构参数。测定结果表明，新鲜茭白的 L^* 值为（87.42±0.18）、a^* 值为（2.17±0.07）、b^* 值为（14.6±0.4），不同干燥方式处理下茭白色泽变化为 L^* 值显著减小，a^* 和 b^* 值显著增加（$P<0.05$），且不同处理下的茭白硬度差异较大，处于 700～2 700 克。赖爱萍等（2021）参照《水果硬度的测定》（NY/T 2009—2011）对茭白硬度进行测定。结果表

明，随着储藏时间的延长，茭白硬度呈下降趋势，由 12.3 千克/厘米² 左右降至 9.2 千克/厘米² 左右。吴松霞等（2019）采用手持色差仪对茭白颜色进行测定，使用质构仪对硬度进行测定。测定结果表明，不同品种茭白的表面硬度为（4.88±0.89）～（8.32±0.45）千克/厘米²，横切面硬度为（3.53±0.54）～（4.62±0.35）千克/厘米²。

二、茭白营养品质

茭白营养丰富，主要包括水分、纤维、多糖等糖类物质、蛋白质、氨基酸、矿物质、维生素以及黄酮等酚类物质。

根据《中国食物成分表标准版　第 6 版/第一册》显示，每 100 克鲜茭白可食部位，大约含有水分 92.2 克、蛋白质 1.2 克、碳水化合物 5.9 克、不溶性膳食纤维 1.9 克、维生素 A 5 微克、胡萝卜素 30 微克。此外，每 100 克干重茭白含维生素 C 0.684～0.721 毫克、维生素 B_1 0.04～0.12 克、维生素 B_2 0.24～0.30 克、钙 8～19 克、铁 0.6～2.2 克、氨基酸 11.25～12.68 克。

（一）水分

水分含量是决定茭白储存时间的一个重要指标。若水分含量过高，则不耐储藏，易发生霉变，严重降低食用价值；若水分含量过低，则茭白不饱满，影响茭白质量。

目前，茭白中水分的测定方法主要为直接干燥法。可根据干燥前后减失的重量，计算茭白的水分含量（％），在不同保鲜方式下，水分含量基本均为 92.5％～94.5％。吴松霞等（2019）根据《食品安全国家标准　食品中水分的测定》（GB 5009.3—2016）中的方法对茭白水分含量进行测定，不同品种茭白中水分含量均为 92.00％～94.00％。

（二）纤维

茭白中纤维类型主要分为粗纤维和膳食纤维。粗纤维是构成茭白细胞壁的主要组成成分，包括半纤维素、木质素等，其可以促进肠胃运动，在一定程度上帮助消化。膳食纤维具有改善肠道菌群的功效，具有减肥作用。

目前，茭白中粗纤维的测定方法主要有碘量滴定法、烘干法等。其中，木质素的测定方法还有高效液相色谱法。张珏锋等（2016）采用碘量滴定法对粗纤维进行测定，探究不同灌溉方式对茭白粗纤维含量的影响。结果表明，其含量均在 6.0％～6.5％。姜雯（2015）按照《水果、蔬菜粗纤维的测定方法》（GB 10469—1989）对茭白粗纤维含量进行测定。研究表明，不同烹饪方法处理下的每 100 克茭白粗纤维含量均在 2.0～3.0 克。季正捷（2023）采用高效液相色谱（HPLC）体系分析茭白中木质素含量。结果表明，外源褪黑素处理下冷藏茭白木质素含量随着储藏天数的增加而增加，从 0 天的 200～250 微克/克到 31 天的 450～550 微克/克。赖爱萍等（2021）根据《植物类食品中粗纤维的测定》（GB/T 5009.10—2003）中的方法对浙江省台州市黄岩区茭白粗纤维含量进行测定，得出不同品种茭白粗纤维含量平均值为 9.16 克/千克，标准偏差为 0.119 克/千克。

目前，茭白中膳食纤维的测定方法主要为酶-质量分析法。黄凯丰等（2008）采用酶-质量分析法测定了有机肥和无机肥处理下茭白总膳食纤维和不溶性膳食纤维的含量。结果表明，在有机肥处理下，不同规格茭白中总膳食纤维含量最高可达到 444.9 毫克/克，其中，不溶性膳食纤维含量 409.7 毫克/克。无机肥处理下不同规格茭白中总膳食纤维含量最高为 528.8 毫克/克，不溶性膳食纤维含量 502.0 毫克/克。黄凯丰等（2009）采用酶-质量分析法对不同金属胁迫处理下茭白中的膳食纤维含量进行测定。结果表明，总膳食纤维含量处于（435.81±42.1）～（561.09±58.4）毫克/克，不溶性膳食纤维含量处于（403.61±41.4）～（545.63±51.3）毫克/克。

（三）糖类

单糖是茭白风味品质的重要指标，也可直接被人体吸收用作能量来源。多糖作为茭白中含量丰富的活性成分之一，主要由葡萄糖、半乳糖等组成，具有祛湿排毒、抑制黑色素、促乳等药用价值，长期食用可软化表皮，起到一定的美容效果。此外，其对抗肿瘤、降血糖均有一定的积极作用，在一定程度上能够调节生理功能。

目前，茭白中糖类物质的测定方法主要有苯酚-硫酸法、DNS 比色法和蒽酮比色法等。张珏锋等（2016）采用 DNS 比色法对还原糖进行测定，采用蒽酮比色法对可溶性糖进行测定。结果表明，不同灌溉方式下茭白还原糖含量为 4.0～6.5 毫克/克，可溶性糖含量为 75～85 毫克/克。贾闪闪等（2023）在优化茭白多糖提取试验中，分别根据苯酚-硫酸法和 1-苯基-3-甲基-5-吡唑啉酮柱前衍生-高效液相色谱法测定茭白中多糖和单糖含量。结果表明，其多糖均由半乳糖醛酸、葡萄糖、半乳糖、阿拉伯糖、甘露糖、鼠李糖和木糖组成。其中，半乳糖醛酸、葡萄糖、半乳糖、阿拉伯糖含量占比较高，分别为（22.03±0.05）%～（24.56±0.06）%、（22.59±0.08）%～（24.36±0.05）%、（20.26±0.06）%～（21.68±0.07）%和（20.09±0.05）%～（21.03±0.06）%。赖爱萍等（2021）等参照《水果及制品可溶性糖的测定3,5-二硝基水杨酸比色法》（NY/T 2742—2015）对茭白中的可溶性糖含量进行测定，其每 100 克茭白可溶性糖含量为 1.0～2.4 克。陈贵等（2015）采用蒽酮比色法对茭白总糖含量进行测定，探究不同采收期茭白品质变化。结果表明，总糖含量随着采收期的延长从 0.97% 增加至 2.03%。

（四）蛋白类

茭白中蛋白类物质主要包括蛋白质和氨基酸，氨基酸是构成蛋白质的基本单位。蛋白质作为人体所需的基本成分之一，其构成了多种重要的激素和酶，可调节人体生理功能，对维持渗透压并调节人体免疫功能具有重要作用。此外，蛋白质还有利于维持肌体正常的新陈代谢和各类物质在体内的输送，且蛋白质能为人体补充能量。

目前，茭白蛋白质的测定方法主要有考马斯亮蓝法和凯氏定氮法。刘倩等（2010）通过考马斯亮蓝法及可见分光光度计对蛋白质浓度进行测定，该方法灵敏度可达到 $0.2\sim0.5$ 微克，最低可检出 0.1 微克蛋白。张珏锋等（2016）采用考马斯亮蓝法对可溶性蛋白含量进行测定。结果表明，不同的灌溉方式下，茭白可溶性蛋白含量处于 $7.5\sim8.5$ 毫克/克。

目前，茭白氨基酸的测定方法主要为氨基酸自动分析仪法和茚三酮比色法等。赖爱萍等（2023）参照《食品安全国家标准　食品中氨基酸的测定》（GB 5009.124—2016）对浙江省台州市黄岩区茭白中的氨基酸含量进行检测。结果表明，试验所采集的茭白氨基酸总量均值为 0.94%。其中，十月茭的氨基酸总量最高，为 1.082%。吴松霞等（2019）采用茚三酮比色法对不同品种茭白的游离氨基酸含量进行测定。结果表明，在所有参与测定的茭白品种中，氨基酸总量最高为 1.38%，最低为 0.91%，在 16 种氨基酸中，不同茭白品种在天冬氨酸和谷氨酸上均具有较高的含量。其中，浙茭 6 号的天冬氨酸和谷氨酸含量最高，分别为 0.2% 和 0.24%；"8820" 的天冬氨酸和谷氨酸含量最低，分别为 0.12% 和 0.10%。郑春龙（2009）使用氨基酸自动分析仪对茭白中游离氨基酸含量进行分析。结果表明，不同品种茭白叶鞘中氨基酸总量大于叶片。其中，叶鞘氨基酸总量最高为 4 074.49 毫克/千克，叶片氨基酸总量最高为 2 511.47 毫克/千克。

（五）矿物质类

目前，茭白中矿物质元素研究较多的主要为钙、磷、钾元素，还有一些研究同时检测出一定量的铁和锌元素。矿物质是构成人体重要组织必不可少的物质，包括骨骼、牙齿等，且多种矿物质都具有活化凝血酶的功效。此外，矿物质还能维持人体的酸碱平衡、组织细胞渗透压、细胞膜的通透性以及多种肌肉的兴奋，且矿物质还能与酶结合，参与各种新陈代谢。

目前，茭白矿物质的测定方法主要为分光光度法和比色法。郑春龙（2009）采用原子吸收分光光度计对茭白中的微量元素进行测定。结果表明，不同品种茭白叶片和叶鞘中钙元素含量为 $0.11\%\sim0.23\%$，锌元素含量为 $23.4\sim44.5$ 毫克/千克，铁元素含量为 $170.8\sim290.1$ 毫克/千克。陈贵等（2016）对茭白中不同部位的磷和钾含量进行测定。其中，磷采用钒钼黄比色法测定，钾采用火焰光度计法测定。结果表明，在不同浇灌条件下，不同生长期茭白茎秆和叶片中的磷含量分别为 3.6～5.0 克/千克和 4.0～4.8 克/千克，钾含量分别为 16～32 克/千克和 8～20 克/千克。高盼等（2016）分别采用分光光度法、火焰原子吸收分光光度法测定不同生育期茭白样品中的磷、钾含量。结果表明，不同时期茭白叶片中的磷含量和钾含量分别为 0.16％～0.48％和 1.17％～3.58％。

（六）维生素类

茭白中维生素主要包括维生素 C 和类胡萝卜素。维生素类物质大多具有预防癌症、动脉硬化、风湿病等疾病的功效，还能增强免疫力和增进视力，对皮肤、牙龈和神经也有好处。

目前，茭白中维生素类物质的测定方法主要为滴定法和分光光度法。陈贵等（2015）采用 2,6-二氯靛酚滴定法测定了不同采收期茭白维生素 C 的含量。结果表明，维生素 C 含量呈先升高后降低的趋势，范围为 55.8～102.0 毫克/千克。何梅琳等（2020）根据《植物生理生化实验原理和技术》中抗坏血酸测定法测定茭白维生素 C 的含量。结果表明，不同的海藻叶面肥处理下茭白中维生素的含量均为 25.0～30.0 毫克/千克。牛凤兰等（2001）采用 2,6-二氯靛酚滴定法测定了茭白中维生素 C 的含量，含量为 1.87 微克/克。王亚兰（2020）使用分光光度计测定了储藏过程中茭白类胡萝卜素的含量。结果表明，新鲜茭白中类胡萝卜素含量极低，随着储藏时间增加，类胡萝卜素含量呈增加趋势。

（七）黄酮类酚类物质

茭白含有丰富的黄酮类酚类物质，其具有清除心血管中自由基、细菌、寄生虫的作用，可修复呼吸道组织和皮肤受损组织，诱导肿瘤细胞凋亡。高含量的黄酮类化合物能修复肌体组织，促进新陈代谢，抗衰老，平衡体内营养。

目前，茭白中黄酮类酚类物质的测定方法主要为比色法和分光光度法。夏旭等（2014）运用亚硝酸钠-硝酸铝-氢氧化钠比色法测定了茭白中总黄酮的含量，然后根据样品总黄酮质量与样品质量比得出黄酮得率。结果表明，使用微波辅助提取法提取茭白总黄酮时，最佳提取条件为料液比 1∶90（$w∶V$）、微波处理时间 50 秒、浸提时间 3 小时、微波功率 320 瓦，其得率为 3.78％。夏旭等（2020）采用以芦丁为标准品的比色法对茭白中黄酮含量进行测定。结果表明，茭白叶中黄酮类物质的最佳提取条件为乙醇体积分数 60％、料液比 1∶30、超声时间 25 分钟、超声温度 50 ℃、超声功率 450 瓦。郑杰等（2008）以芦丁为对照品，运用分光光度法测定茭白苞叶中总黄酮含量。结果表明，在超声波功率 700 瓦、温度 60 ℃、料液比（$w∶V$）1∶60、乙醇质量分数 60％、提取

时间 35 分钟的条件下，茭白苞叶中总黄酮最大提取率为 1.127％。姜雯
（2015）采用比色法对不同烹饪热处理下茭白中黄酮含量进行测定。结果表明，
茭白黄酮含量均处于 37.61～38.73 毫克/克。

（八）非黄酮类酚类物质

茭白中非黄酮类酚类物质主要包括一些酚酸，如没食子酸、咖啡酸、香豆
酸等，具有良好的抗氧化、抗菌活性。

目前，茭白中非黄酮类酚类物质的测定方法有紫外光谱法和比色法。罗
海波等（2012）通过紫外光谱法和高效液相色谱法对茭白中酚类物质进行检
测分析。结果表明，茭白中的主要酚类物质是咖啡酸和没食子酸，分别占茭
白酚类物质提取总量的 25.57％和 29.54％，同时还可能存在少量的其他酚
类物质。姜雯（2015）以没食子酸为标准品，运用比色法对不同烹饪热处理
下茭白的总酚含量进行测定。结果表明，茭白总酚含量均处于 7.20～8.21
毫克/克。

第二节　茭白质量分级

茭白是我国一种营养丰富的特色水生蔬菜，其产量在水生蔬菜中仅次于莲
藕，位居第二位。茭白肉质脆嫩、味道清香，且富含多种矿物质和维生素，具
有较高的营养价值。我国医药著作中有不少关于茭白药效的介绍。《本草纲目》
认为，茭白性凉味甘，具有清热除烦、止渴、通利大便的作用，用于缓解热病
烦渴、酒精中毒、二便不利、乳汁不通等症状。陈藏器的《本草拾遗》记载茭
白可"去烦热，止渴，除目黄，利大小便，止热痢，解酒毒"。《食疗本草》记
载茭白利五脏邪气，酒面赤，白癞，疬疡，目赤，热毒风气，卒心痛，可盐、
醋煮食之。现代医学认为，茭白具有一定的保健和药用功能，如可以开胃、预
防高血压和动脉硬化等。经研究发现，茭白及副产物都具有良好的抗氧化活
性，茭白茎还具有抑制血管紧张素转化酶（ACE）活性的作用，还可以预防
心脏、肝脏、胃肠道溃疡等疾病。此外，日本研究人员对茭白的美容效果进行
了深入研究，发现茭白含有可以清除人体活性氧的豆甾醇，可以促进新陈代
谢，抑制黑色素生成，抑制皮肤炎症，在软化皮肤角质层的同时，滋润皮肤，
防止皮肤老化。茭白含有较多的碳水化合物、蛋白质、脂肪等，能补充人体的
营养物质，具有健壮肌体的作用。茭白的肉质茎含有丰富的膳食纤维，有利于
清除体内毒素，预防肠道疾病。

茭白是受菰黑粉菌影响形成的一种特殊植物，与虫草类似。通常菰黑粉菌
侵染植物后，会导致植物出现病瘤等症状。但在植物的抗病机制和真菌的侵染
机制相互影响下，茭白与菰黑粉菌会形成一种特殊的共生关系，最终使茭白产

生味道鲜美、富有营养的肉质茎。茭白含水量非常高，可达到93％，其质地柔嫩，富含维生素C、糖类及一定的纤维素、果胶、蛋白质，并且富含多种氨基酸，其中包括了一部分人体必需氨基酸，如苏氨酸、赖氨酸等。《中国食物成分表标准版　第6版/第一册》里公布茭白可食用部分中每100克含能量96千焦，含营养成分如脂肪0.2克、碳水化合物5.9克、蛋白质1.2克，其余所含无机化合物如钾209毫克、钙4毫克、钠5.8毫克、镁8毫克、锌0.33毫克和铁0.4毫克等。茭白的营养丰富，根据资料显示，每100克干重的茭白含粗蛋白21.65～23.45克、脂肪0.62～0.66克、碳水化合物2.0～9.0克、还原糖9.22～9.43克、粗纤维0.8～2.5克、无机盐1.5克、维生素C 0.684～0.721毫克、维生素B_1 0.04～0.12克、维生素B_2 0.24～0.30克、烟酸0.5～1.5克、胡萝卜素0.02～0.03克、钙8～19克、磷50～98克、铁0.6～2.2克、氨基酸11.25～12.68克。柯卫东等（2002）研究发现，在茭白的4种营养成分中，变异系数由大至小的次序是蛋白质（26.58％）＞可溶性糖（26％）＞淀粉（20.98％）＞干物质（6.67％）。除此之外，茭白中含有有机酸、黄酮、花青素、豆甾醇、多酚类等对人体有益的功能性成分，这些营养物质和功能性成分的种类及含量在不同季节不同种类的茭白以及茭白的不同部位存在着较大的差异。粗纤维的高低是反映茭白口感好坏的重要指标之一，而维生素C是广泛存在于蔬菜中的重要微量成分，也是茭白中最重要的抗氧化成分之一。不同品种的茭白在粗纤维和维生素C含量2个指标上差异不显著，但在可溶性固形物、还原糖、蛋白质和水分含量4个指标上，不同品种的茭白具有显著差异性。可溶性固形物和糖类物质是果蔬的重要营养物质，也是茭白品质优劣的重要表征。

氨基酸是构成蛋白质的基本单位，食品中的一些氨基酸有着自己独特的风味，不同的氨基酸组分配比会使食品呈现不同的酸、苦及鲜味等，直接影响食品的口感。茭白的品种有很多，不同品种的茭白所含的营养成分也有一定程度的差异。赖爱萍等（2023）在研究浙江省台州市黄岩区茭白时，从黄岩区几个不同品种的茭白中共检出16种氨基酸组分。其中，包括9种人体必需氨基酸：赖氨酸、亮氨酸、异亮氨酸、蛋氨酸、苯丙氨酸、苏氨酸、缬氨酸、组氨酸（婴幼儿必需）和精氨酸（半必需）。还包括7种非必需氨基酸：甘氨酸、丙氨酸、丝氨酸、酪氨酸、天冬氨酸、脯氨酸和谷氨酸。得到的茭白氨基酸总量均值为0.94％，不同品种的茭白氨基酸总量及组分之间具有显著差异性。并且，在16种氨基酸组分中，不同品种的茭白在天冬氨酸和谷氨酸上都有相对较高的含量，而蛋氨酸、组氨酸和酪氨酸含量相对较低。徐丽红（2015）对高山茭白进行了调查研究，发现高山茭白的营养丰富，不仅含糖类、蛋白质、粗纤维、灰分，还含有16种氨基酸，且含有除色氨酸以外的7种人体必需氨基酸，平均含量为赖氨酸 0.07％、苯丙氨酸 0.04％、蛋氨酸 0.01％、苏氨酸 0.05％、异亮氨酸 0.04％、亮氨酸 0.07％、缬氨酸 0.05％；7 种人体必需氨基酸总含量为 0.33％，占氨基酸总量的 35.48％。每 100 克练塘茭白中含有碳水化合物 4 克、蛋白质 1.5 克、脂肪 0.1 克、粗纤维 0.6 克、钙 4 毫克、磷 43 毫克、铁 0.3 毫克以及 17 种氨基酸。其中，苏氨酸、甲硫氨酸、苯丙氨酸、赖氨酸等为人体必需氨基酸，具有健壮肌体的作用。

茭白中含有黄酮、酚类和花青素等活性物质，这些物质的存在使得茭白不但成为佳蔬，同时还具有清热的作用，并对止热痢、退黄疸、通大便和治疗口腔溃疡有辅助疗效。目前，大多数研究主要集中于茭白的抗氧化活性。黄世能等（2013）研究发现，茭白的水提取液比乙醇提取液抗氧化活性高。夏旭等（2014）研究发现，茭白中的总黄酮对超氧阴离子的清除能力较强，且茭白的抗氧化能力与总黄酮的浓度相关。姜雯（2014）研究发现，在烹饪过程中，茭白中的总酚物质发挥了重要的抗氧化作用。Wen 等（2019）研究表明，茭白能抑制人体中血管紧张素转化酶的活性，具有预防和治疗高血压、动脉硬化的功效。

此外，茭白中含有钾、钠、锌等多种矿物质元素，该类元素具有维持人体健康和促进生长发育的作用，是肌体维持酸碱平衡和渗透压的必要条件，具有保证人体正常新陈代谢的功效。

根据参考资料以及采访多位茭白育种专家、种植专业户，现把茭白质量的分等分级标准总结如下。

一、感官品质

茭白外观上应新鲜、清洁，无病虫危害斑点，基部切口及肉质茎表面无锈斑；肉茭表面有光泽、硬实、不萎蔫；基部未膨大充实的节位不超过 1 节，壳茭仅保留肉茭基部节位及其以上的叶鞘。

（一）色泽

茭白色泽尤其是表皮的颜色会影响茭白的感官品质和消费者的可接受性。茭白色泽的分等分级标准如下。

优等：净茭色泽明亮洁净，无萎蔫，表皮呈现白色，鲜嫩，无变绿或变黄现象。

中等：净茭色泽光洁明亮，较鲜嫩，表皮呈现部分白色、黄白色、淡绿色。

差等：净茭色泽洁白明亮，较鲜嫩，表皮呈现黄白色或淡绿色。

（二）茭壳包裹度

茭白茭壳包裹度是茭白感官品质的一个重要指标。茭白茭壳包裹度的分等分级标准如下。

优等：茭壳包裹紧实，无机械损伤或病虫害，茭壳翠绿。

中等：茭壳包裹比较紧实，有轻微机械损伤，茭壳变黄。

差等：茭壳包裹不紧实，有机械损伤或病虫害，茭壳泛黄。

（三）肉质茎形状

茭白肉质茎形状可分为纺锤形、蜡台形、竹笋形和长条形。茭白肉质茎形状的分等分级标准如下。

优等：经过整修后净茭大小整齐一致，茭形丰满，膨大匀称，无畸形，无破裂或断裂。

中等：经过整修后净茭大小整齐一致，茭形较为丰满，较为匀称，无畸形，有略微损伤。

差等：经过整修后净茭大小整齐一致，茭形较为丰满，不匀称，有畸形，有损伤和锈斑。

（四）肉质茎光滑度

茭白肉质茎光滑度的分等分级标准如下。

优等：净茭鲜嫩光滑，有光泽，无细微颗粒，无病虫害或机械损伤。

中等：净茭较鲜嫩光滑，有光泽，无细微颗粒，无病虫害或机械损伤。

差等：净茭较鲜嫩光滑，无光泽，有细微颗粒，无病虫害或机械损伤。

（五）肉质茎横切面

茭白肉质茎横切面的分等分级标准如下。

优等：茭白横切面中心部位组织致密，无肉眼可观察到的黑色小点，无糠心。

中等：茭白横切面中心部位组织疏松，疏松部直径不超过肉质茎的1/4，肉眼可观察到的黑色小点数不超过10个，无糠心。

差等：茭白横切面中心部位组织明显疏松，疏松部直径不超过肉质茎的1/2，肉眼可观察到的黑色小点数不超过15个，有糠心。

（六）净茭质量

茭白净茭质量的分等分级标准如下。

优等：平均单个净茭质量秋茭不低于90克、夏茭不低于70克。

中等：平均单个净茭质量秋茭不低于80克、夏茭不低于60克。

差等：平均单个净茭质量秋茭不低于70克、夏茭不低于50克。

（七）硬度

硬度是衡量果蔬储藏性能和品质的重要指标，它取决于果实内细胞间的结合力、细胞构成物质的机械强度和细胞膨压。茭白肉质鲜嫩，硬度过高或过低都会导致茭白口感不佳，多数新鲜茭白品种的表面硬度在 5.00 千克/厘米^2 左右，横切面硬度在 4.00 千克/厘米^2 左右。

二、内在品质

（一）水分含量

在 2018 年出版的由中国疾病预防控制中心营养与健康所编著的《中国食物成分表标准版　第 6 版/第一册》中，每 100 克茭白的水分含量为 92.2 克。因此，综合茭白的实测数据，初步确定每 100 克茭白水分含量中等的数值为 92 克左右。在实测数据中，按照 40% 的茭白水分为较高的标准，每 100 克茭白较高的数值为 93.0 克；按照 40% 的茭白水分为中等的标准，每 100 克茭白中等的数值为 92.0 克。最终确定将每 100 克茭白水分含量大于 93 克为优，每 100 克茭白水分含量 91～93 克为中等，每 100 克茭白水分含量小于 91 克为差。

（二）维生素 C 含量

在 2018 年出版的由中国疾病预防控制中心营养与健康所编著的《中国食物成分表标准版　第 6 版/第一册》中，每 100 克茭白的维生素 C 含量为 5.0 毫克。因此，综合茭白的实测数据，初步确定每 100 克茭白维生素 C 含量中等的数值为 5～6 毫克。在实测数据中，按照 40% 的茭白维生素 C 为较高的标准，每 100 克茭白较高的数值为 6.54 毫克；按照 40% 的茭白维生素 C 为中等的标准，每 100 克茭白中等的数值为 4.45 毫克。综合考虑，最终确定将每 100 克茭白中维生素 C 含量大于 6.5 毫克为优，每 100 克茭白中维生素 C 含量 4.5～6.5 毫克为中等，每 100 克茭白中维生素 C 含量小于 4.5 毫克为差。

（三）氨基酸总量

在 2018 年出版的由中国疾病预防控制中心营养与健康所编著的《中国食物成分表标准版　第 6 版/第一册》中，每 100 克茭白的氨基酸总量为 775 毫克。在实测数据中，按照 40% 的茭白氨基酸总量为较高的标准，每 100 克茭白较高的数值为 1 080 毫克；按照 40% 的茭白氨基酸总量为中等的标准，每 100 克茭白中等的数值为 870 毫克。鉴于样品代表性的关系，每 100 克茭白氨基酸总量值为 750 毫克较为合适。综合考虑，最终确定将每 100 克茭白氨基酸总量大于 1 000 毫克为优，每 100 克茭白氨基酸总量 750～1 000 毫克为中等，每 100 克茭白氨基酸总量小于 750 毫克为差。

（四）可溶性固形物含量

在实测数据中，按照 40% 的茭白可溶性固形物为较高的标准，每 100 克茭白较高的数值为 5.8；按照 40% 的茭白可溶性固形物为中等的标准，每 100 克茭白中等的数值为 4.6 克。综合考虑，最终确定将每 100 克茭白可溶性固形物含量大于 5.8 克为优，每 100 克茭白可溶性固形物含量 4.5～5.8 克为中等，每 100 克茭白可溶性固形物含量小于 4.5 克为差。

（五）粗纤维含量

在实测数据中，按照 40% 的茭白粗纤维为较低的标准，每 100 克茭白较低的数值为 0.8 克；按照 40% 的茭白粗纤维为中等的标准，每 100 克茭白中等的数值为 1.0 克。综合考虑，最终确定将每 100 克茭白粗纤维含量小于 0.8 克为优，每 100 克茭白粗纤维含量 0.8～1.0 克为中等，每 100 克茭白粗纤维含量大于 0.8 克为差。

第三节　茭白品质调控

茭白是我国第二大水生蔬菜，种植范围广泛。长期以来，我国茭白生产偏重产量，忽视品质改良，以致在产量提高的同时，品质有所下降。总体来说，我国茭白的优质生产还是一个十分薄弱的环节。随着综合国力的发展及人们生活水平的提高，消费者对茭白的品质要求越来越高。因此，深入探讨茭白品质的调控途径对促进我国优质茭白生产具有重要意义。

一、肥料对茭白产量及品质的调节作用

与其他蔬菜相比较，茭白具有生长周期长、需肥量大、肥料利用率高等特点。在各种营养元素中，氮、磷、钾是植物需要量最大的 3 种元素。研究表明，茭白叶片和叶鞘氮、磷含量持续下降，肉质茎氮、磷含量在膨大初期迅速上升，随即稳定并呈下降趋势，叶片和叶鞘钾含量在孕茭、膨大前下降。在茭白整个生长期里，其对氮、磷、钾营养素的吸收均呈现增长状态，衰亡期减少。其中，在分蘖期和田间封行期里，对 3 种营养素的需求量都急剧增加，对氮的吸收会呈现一个爆发，超过其他 2 种营养素。因此，在对茭白施肥的过程中，待茭白发苗的 1 个月里，应适量递增氮、磷、钾 3 种营养素肥，在进入发棵期后，应大量增加 3 种营养素肥的用量，特别是氮元素的补充。氮是植物必需的营养元素，是植物体自身组成物质（如核酸、磷脂、辅酶、某些维生素等化合物）的构成成分。在施氮条件下，配合施用钾、磷肥有利于改善农作物品质。中氮、高钾处理和高氮、高钾处理可明显增加茭白中维生素 C 含量，低氮水平下维生素 C 含量较低。双季茭在低氮水平，蛋白质含量较低；在中氮水平，蛋白质含量较高。施磷能明显增加茭白蛋白质含量。单季茭蛋白质含量较低，高氮水平下增施磷、钾肥可提高蛋白质含量。中氮水平与磷、钾肥按合适比例配施，有利于茭白中糖分积累。中氮水平下，对缺磷、缺钾土壤增施磷、钾肥，可提高双季茭糖含量。钾肥对单季茭糖含量也有较大的影响。增施氮肥越多，双季茭中硝酸盐含量越高；在同等氮肥水平下，增施钾肥有利于降

低双季茭中的硝酸盐含量。增施氮肥对单季茭硝酸盐含量影响不明显；在同等氮水平下，增施钾肥没有明显降低单季茭中的硝酸盐含量。不同施肥处理后，茭白元素含量存在明显差异，不同比例的氮、磷、钾肥对茭白中氮、磷、钾含量影响不明显，但对重金属元素铅、铁、砷、硒和汞的含量有较大影响，这表明不同施肥处理下茭白对土壤中元素的吸收量有选择性差异。除此之外，茭白中氮含量与钙含量呈显著正相关；磷含量与镁含量呈极显著正相关，而与铅和砷含量呈显著负相关；钾含量与砷、汞含量呈负相关。因此，茭白中氮、磷、钾营养元素含量对其他元素的吸收有重要影响。在茭白营养元素调控管理过程中，如何保持合适的氮、磷、钾配比以及与其他矿质营养元素的平衡，对茭白优质生产尤为重要。

肥料与茭白产量和品质的关系十分密切。目前，我国大多数茭白生产基地偏施化肥，普遍存在肥料利用率低、增肥不增效、土壤养分失衡、水体富氧化等问题。因此，近年来，茭白生产中科学合理施肥成为研究者关注的焦点。化肥减量与有机肥配合施用能协调养分供给，满足茭白整个生育期的营养需求。研究表明，与农户常规施肥相比，化肥减量（总养分减少 29.1%）配施生物有机肥模式下茭白产量保持稳定，且植株提前结茭，茭白产值增加；同时，化肥减量配施有机肥处理显著提高了茭白的品质，处理组茭白还原糖和维生素 C 含量分别比对照组增加了 53.3%～62.2% 和 34.3%～47.8%；其中，配施腐熟油菜籽饼肥氮素含量较高，并含有丰富的锌、硒等微量元素，增加了茭白根系对营养元素的吸收利用，从而促进了茭白品质的提升。陈可可等（2019）研究表明，化肥减量配施不同有机肥对秋季茭白生长、产量和品质具有显著影响，茭白大田化肥减量配施有机肥有利于茭白植株生长，改善茭白品质，实现化肥减量提质增效；施用有机无机缓释肥后，茭白产量较常规施肥提高13.3%，增收 6.07%，且在化肥减量尤其是磷肥减量方面表现更加突出，值得在生产上推广应用，而施用秸秆堆肥和商品有机肥则无增产效果。陈謇等（2021）关于减磷或减氮施肥对茭白产量和品质影响的研究结果表明，按常规施肥标准，磷肥减量 50%，茭白产量不受影响，肥料成本低，经济效益高。

缓释肥是一种通过设计和生产使养分释放与作物养分吸收同步的新型肥料，其在平衡施肥、提高作物产量等方面发挥了巨大作用，现已成为肥料发展的主攻方向。缓释肥可通过改变化肥本身的性质来提高肥料的利用率，从而节约能源，减少化肥流失对环境造成的污染，从资源利用、环境保护等多方面考虑都有较好的发展空间。李通等（2021）研究表明，施用氮磷钾比例为 25∶12∶15 的缓释肥处理茭白，株高可达 174.83 厘米，总叶绿素含量 5.56 毫克/克，净光合速率 10.47 微摩尔/千克，亩产量可达 1 829.62 千克，可溶性蛋白含量可达 2.77 毫克/克，维生素 C 含量可达 110.9 毫克/千克，可溶性糖含量可达 3.62%，茭白植物学性状、叶片光合参数、产量、品质整体表现优于其他施用比例。朱玉祥等（2021）施用缓释肥替代化肥对茭白生长、产量、品质和土壤影响的对比试验表明，施用缓释肥替代化肥能提高茭白产量，改善茭白品质，并可降低茭白田耕层土壤中氮素的流失，表现为缓释肥处理茭白的茭长、茭宽、壳茭重、产量、可溶性糖含量、可溶性蛋白含量、维生素 C 含量明显高于常规施肥处理，且硝酸盐积累量明显低于常规施肥处理。

二、光质及光周期对茭白产量及品质的调节作用

植物叶片主要在 300～700 纳米的生理辐射下形成，是植物进行光合作用的主要器官。其中，红橙光和蓝紫光对叶片的形成最为有效，很多研究发现，光质可以调节叶片的正常发育。研究表明，补光处理能够明显促进茭白植株高度和叶长的增长，红光促进效果最好；补光处理时间 4～5 小时更有利于茭白植株生长，能够提高茭白有效分蘖数，增加茭白产量，其中红光 5 小时、黄光和蓝光 4 小时促进效果较好。延长补光时间有利于茭白相关的经济学性状，如壳茭重、净茭重、茭肉长和粗的增加，其中 4～5 小时的处理组合促进效果最好。不同光质对壳茭重、净茭重以及茭肉长和粗影响较小；补光处理 3～5 小时，黄光组合中茭白净茭率最高，其次是白光，红光最低。适当的补光处理可以使茭白采收期提前，其中红光促进效果明显，蓝光和黄光处理次之。不同补光时间处理中，4～5 小时补光更有利于茭白提前及稳定采收，茭白产量明显提高，与光照时间呈正相关；而不同光质处理中，红光和黄光促进效果最好。

同时，植物的光合作用强弱与光合色素含量紧密联系，且光合色素的合成与外界光环境的变化密切相关。光合色素的主要成分分为叶绿素和类胡萝卜素。茭白叶片叶绿素含量与光照时间呈正相关，红光处理有利于积累更多的叶绿素 a 和叶绿素 b，其次为蓝光和黄光，白光较低，叶绿素 a 与叶绿素 b 的比值白光＞黄光＞蓝光＞红光。不同光质对植物叶片中碳水化合物代谢和蛋白质生成有明显的调控作用，对植物生长及其果实的可溶性蛋白和糖类的生物合成也有显著影响。研究发现，茭白叶片可溶性糖在红光处理下含量最高，其次为蓝光和黄光，白光较低，红光更有利于植物碳水化合物的积累，进而促进茭白的生长及孕茭。植物的衰老受其自身基因调节，而光可以影响植物的衰老，如光可以为植物细胞内的磷酸化提供能量，缓解植物细胞内 RNA、蛋白质和叶绿素等的降解，在一定程度上延缓叶片的衰老。植物在受到逆境胁迫时，其细胞内会产生大量的活性氧（ROS），ROS 主要是由 O_2^- 接受高能态的电子而形成的，包括 O_2^-、H_2O_2 和 HO^- 等，ROS 能够造成蛋白氧化、膜脂过氧化、酶抑制以及 DNA 和 RNA 的损伤。因此，植物细胞内抗氧化酶活性的变化可以

反映当前植物的生长情况，高等植物细胞内主要的几种保护酶主要为超氧化物歧化酶（SOD）、过氧化物酶（POD）、过氧化氢酶（CAT）和抗坏血酸过氧化物酶（APX）等。研究表明，茭白叶片 3 种主要保护酶（SOD、POD、CAT）活性变化受光照调节，可能与光合作用活性相关，SOD 活性随着补光时间的延长而增加，但受光质影响较小；POD 和 CAT 在茭白叶片中的活性变化规律不同，POD 活性随着补光时间增加而升高，而 CAT 活性则随着补光时间增加而降低。SOD、POD 和 CAT 3 种主要保护酶活性在茭白膨大后期均明显升高，可能与茭白茎部膨大后菰黑粉菌大量侵染增殖诱导相关。

克隆获得茭白光敏基因（*PhyA*、*PhyB*、*Cry1* 和 *Cry2*）和光周期基因（*LHY*、*CCA1* 和 *CO*）编码区序列，序列比对发现，均与野生稻和水稻有较高的同源性。通过对茭白发育期间的表达模式分析发现，4 个光敏基因在正常茭孕茭初期（8 叶期）、膨大初期和膨大后期的 3 个发育时期均有表达，发育早期表达量较高，且不同光质与光照时间对光敏基因的表达具有显著影响。其中，光敏基因 *PhyA* 和 *PhyB* 对光质及光周期诱导表达较为敏感；茭白光敏基因不仅受光质调控，而且受光周期变化调节，并在茭白感应外界光环境变化中具有重要作用。光周期基因在茭白不同发育时期表达均有明显变化，受光周期影响较为显著，并在茭白茎部膨大后期表达量降低，与茭白生长发育时期的转变有关。茭白茎部膨大孕茭后，不同处理组合中 *CO* 基因表达量均很低，可能与菰黑粉菌侵染茭白茎部后阻断了生殖器官发育有关，从而导致茭白植株无法开花而转向茭白茎部膨大的营养生长发育。

三、化学调控物质对茭白产量及品质的调节作用

化学调控是把一些具有生理活性的化学物质施于植株体，使其激素系统的平衡关系及代谢途径受到影响，调节和控制其生长发育，达到提高产量、改善品质的目的。目前，已报道的用于茭白品质调节的化学调控物质主要有壳聚糖及外源 6 - BA 等。壳聚糖是天然的含氮高分子有机化合物，在土壤微生物的作用下可被降解为含氮小分子，而被植物吸收。研究表明，壳聚糖对供试茭白品种的产量都有显著提高作用，尤其对双季茭品种 0505 的产量有显著提高作用。另外，壳聚糖处理对单季茭品种 0501 嫩茎中的游离氨基酸和蔗糖含量有显著提高作用，而对茭白还原糖和总糖含量影响不显著。6 - BA 是一类细胞分裂素，其主要功能是促进细胞分裂。有研究表明，其在植物发育过程中可控制顶端优势、根的形成、植物气孔行为、叶绿体发育等。在高温干旱胁迫条件下，外源施加 6 - BA 可减少茭白植株徒长，促进茭白肉质茎的形态建成，使茭白叶片叶绿素 a、叶绿素 b、叶绿素 a＋b 下降程度减小，提高光合色素含量，缓解高温干旱造成的茭白叶片叶绿素的降解；同时，适宜浓度的外源 6 -

BA 溶液可使光系统最大光化学效率、光化学猝灭系数和实际光化学效率下降程度减小，缓解高温干旱胁迫对茭白叶片光合作用的抑制；外源施加 6 - BA 能够提高茭白可溶性糖的增加量，减小茭白蔗糖转运 SUT1 的表达量下降幅度，提升高温干旱胁迫下茭白的品质。

第六章

质 量 认 证

第一节　绿色食品

一、简介

（一）产生与发展

绿色食品这一概念在我国首次形成于 20 世纪 80 年代末至 90 年代初。1991 年，国务院专门对农业部《关于开发"绿色食品"的情况和几个问题的请示》进行了批复。其中，明确指出，开发绿色食品对于保护生态环境，提高农产品质量，促进食品工业发展，增进人民身体健康，增加农产品出口创汇，都具有现实意义和深远影响。要采取有效措施，坚持不懈地抓好这项开创性工作，各有关部门要给予大力支持。同年，农业部向全社会首次发布《绿色食品标志设计标准通告》。1992 年，国家工商行政管理总局和农业部在人民大会堂举行发布会，对外正式宣布准予"绿色食品"商标注册，并联合下发《关于依法使用、保护"绿色食品"商标标志的通知》。1993 年，农业部颁布《绿色食品标志管理办法》。从此，我国绿色食品事业正式步入了规范化、可持续发展的新时期。

1996 年，国家工商行政管理总局商标局正式核准注册了绿色食品标志证明商标，成为我国首例证明商标，该证明商标注册人是中国绿色食品发展中心。至今，绿色食品标志证明商标已在国际《商标注册用商品和服务分类》的第 1、2、3、5、29、30、31、32、33 等 9 大类产品上连续两次成功续展注册。其中，涉及 4 种注册形式和 33 件证明商标。为了进一步丰富获证企业用标形式，2017 年，中国绿色食品发展中心将绿色食品标志商标注册形式由 4 种扩大到 10 种，注册证明商标 60 件，合计注册 93 件，注册范围基本涵盖了大宗农产品及食品。

（二）定义与分类

绿色食品，是指产自优良生态环境、按照绿色食品标准生产、实行全程质量控制并获得绿色食品标志使用权的安全、优质食用农产品及相关产品。

绿色食品标准共分为两个技术等级，即 AA 级绿色食品标准和 A 级绿色食品标准。AA 级绿色食品标准是根据国际有机农业运动联盟（IFOAM）有机产品的基本原则，参照有关国家有机食品认证的标准，再结合我国的实际情况而制定的。生产中通过使用有机肥、种植绿肥、作物轮作、生物或物理方法等技术，培肥土壤、控制病虫草害，保护或提高产品品质，从而保证产品质量符合绿色食品产品标准要求。要求产地环境质量评价项目的单项污染指数不得超过 1，生产过程中不得使用任何人工合成的化学物质，且产品需要 3 年的过渡期。A 级绿色食品标准是参照发达国家食品卫生标准和国际食品法典委员会（CAC）的标准制定的，要求产地环境质量评价项目的综合污染指数不超过 1，在生产加工过程中，允许限量、限品种、限时间地使用安全的人工合成农药、兽药、渔药、肥料、饲料及食品添加剂。

（三）标志及内涵

为了与一般的普通食品区别开，绿色食品有统一的标志。绿色食品标志有特定图形。绿色食品标志图形由 3 部分构成：上方的太阳、下方的叶片和中间的蓓蕾，象征自然生态（图 6-1）。标志图形为正圆形，意为保护、安全。颜色为绿色，象征着生命、农业、环保。整个图形描绘了明媚阳光照耀下的和谐生机，告诉人们绿色食品是出自纯净、良好生态环境的安全、无污染食品，能给人们带来蓬勃的生命力。绿色食品标志还提醒人们要保护环境和防止污染，通过改善人与环境的关系，实现人与自然的和谐。

AA 级绿色食品标志　　　　　A 级绿色食品标志

图 6-1　绿色食品标志

二、认证程序

（一）认证申请

申请人向中国绿色食品发展中心（以下简称中心）及其所在省（自治区、直辖市）绿色食品办公室、绿色食品发展中心（以下简称省绿办）领取《绿色食品标志使用申请书》《企业及生产情况调查表》及有关资料，或从中心网站下载。

申请人填写并向所在省绿办递交《绿色食品标志使用申请书》《企业及生产情况调查表》及以下材料：

（1）保证执行绿色食品标准和规范的声明。

（2）生产操作规程（种植规程、养殖规程、加工规程）。

（3）公司对"基地＋农户"的质量控制体系（包括合同、基地图、基地和农户清单、管理制度）。

（4）产品执行标准。

（5）产品注册商标文本（复印件）。

（6）企业营业执照（复印件）。

（7）企业质量管理手册。

（8）要求提供的其他材料（通过体系认证的，附证书复印件）。

（二）受理文审

省绿办收到上述申请材料后，进行登记、编号，5 个工作日内完成对申请认证材料的审查工作，并向申请人发出《文审意见通知单》，同时抄送中心认证处。

申请认证材料不齐全的，要求申请人收到《文审意见通知单》后 10 个工作日提交补充材料。申请认证材料不合格的，通知申请人本生长周期不再受理其申请。

申请认证材料合格的，安排现场检查。

（三）现场检查

省绿办应在《文审意见通知单》中明确现场检查计划，并在计划得到申请人确认后委派 2 名或 2 名以上检查员进行现场检查。检查员根据《绿色食品检查员工作手册（试行）》和《绿色食品 产地环境质量现状调查技术规范（试行）》中规定的有关项目进行逐项检查。每位检查员单独填写现场检查表和检查意见。现场检查和环境质量现状调查工作在 5 个工作日内完成，完成后 5 个工作日内向省绿办递交现场检查评估报告和环境质量现状调查报告及有关调查资料。

现场检查不合格，不安排产品抽样。现场检查合格，可以安排产品抽样。凡申请人提供了近 1 年内绿色食品定点产品监测机构出具的产品质量检测报告，并经检查员确认，符合绿色食品产品检测项目和质量要求的，免产品抽样检测。

现场检查合格，需要抽样检测的产品安排产品抽样：

当时可以抽到适抽产品的，检查员依据《绿色食品产品抽样技术规范》进行产品抽样，并填写《绿色食品产品抽样单》，同时将抽样单抄送中心认证处。特殊产品（如动物性产品等）另行规定。

当时无适抽产品的，检查员与申请人当场确定抽样计划，同时将抽样计划抄送中心认证处。

申请人将样品、产品执行标准、《绿色食品产品抽样单》和检测费寄送绿色食品定点产品监测机构。

（四）环境监测

绿色食品产地环境质量现状调查由检查员在现场检查时同步完成。经调查确认，产地环境质量符合《绿色食品 产地环境质量现状调查技术规范》规定的免测条件，免做环境监测。

根据《绿色食品 产地环境质量现状调查技术规范》的有关规定，经调查确认，需要进行环境监测的，省绿办自收到调查报告2个工作日内以书面形式通知绿色食品定点环境监测机构进行环境监测，同时将通知单抄送中心认证处。定点环境监测机构收到通知单后，40个工作日内出具环境监测报告，连同填写的《绿色食品环境监测情况表》，直接报送中心认证处，同时抄送省绿办。

（五）产品检测

绿色食品定点产品监测机构自收到样品、产品执行标准、《绿色食品产品抽样单》、检测费后，20个工作日内完成检测工作，出具产品检测报告，连同填写的《绿色食品产品检测情况表》，报送中心认证处，同时抄送省绿办。

（六）认证审核

省绿办收到检查员现场检查评估报告和环境质量现状调查报告后，3个工作日内签署审查意见，并将认证申请材料、检查员现场检查评估报告、环境质量现状调查报告及《省绿办绿色食品认证情况表》等材料报送中心认证处。

中心认证处收到省绿办报送材料、环境监测报告、产品检测报告及申请人直接寄送的《申请绿色食品认证基本情况调查表》后，进行登记、编号，在确认收到最后一份材料后2个工作日内下发受理通知书，书面通知申请人，并抄送省绿办。

中心认证处组织审查人员及有关专家对上述材料进行审核，20个工作日内作出审核结论。

（1）审核结论为"有疑问，需现场检查"的，中心认证处在2个工作日内完成现场检查计划，书面通知申请人，并抄送省绿办。得到申请人确认后，5个工作日内派检查员再次进行现场检查。

（2）审核结论为"材料不完整或需要补充说明"的，中心认证处向申请人发送《绿色食品认证审核通知单》，同时抄送省绿办。申请人须在20个工作日内将补充材料报送中心认证处，并抄送省绿办。

（3）审核结论为"合格"或"不合格"的，中心认证处将认证材料、认证审核意见报送绿色食品评审委员会。

（七）认证评审

绿色食品评审委员会自收到认证材料、认证处审核意见后10个工作日内进行全面评审，并作出认证终审结论。

认证终审结论分为两种情况：

（1）认证合格，进行颁证。

（2）认证不合格，评审委员会秘书处作出终审结论，2个工作日内，将《认证结论通知单》发送申请人，并抄送省绿办。本生产周期不再受理其申请。

（八）颁证

中心在5个工作日内将办证的有关文件寄送认证合格的申请人，并抄送省绿办。申请人在60个工作日内与中心签订《绿色食品标志商标使用许可合同》。中心主任签发证书。

（九）认证流程

茭白绿色食品认证流程见图6-2。

三、认证关键点

（一）产地环境

申报绿色食品的茭白生产基地产地环境质量应符合《绿色食品　产地环境质量》（NY/T 391—2021）的要求。笔者根据《绿色食品　产地环境质量》（NY/T 391—2021）的内容，对茭白的产地环境要求进行整理，具体如下。

1. 产地生态环境基本要求

（1）绿色食品生产应选择生态环境良好、无污染的地区，远离工矿区、公路铁路干线和生活区，避开污染源。

（2）产地应距离公路、铁路、生活区50米以上，距离工矿企业1 000米以上。

（3）产地应远离污染源，配备切断有毒有害物进入产地的措施。

（4）产地不应受外来污染威胁，产地上风向和灌溉水上游不应有排放有毒有害物质的工矿企业，灌溉水源应是深井水或水库等清洁水源，不应使用污水或塘水等被污染的地表水；园地土壤不应是施用含有毒有害物质的工业废渣改良过的土壤。

（5）应建立生物栖息地，保护基因多样性、物种多样性和生态系统多样性，以维持生态平衡。

（6）应保证产地具有可持续生产能力，不对环境或周边其他生物产生

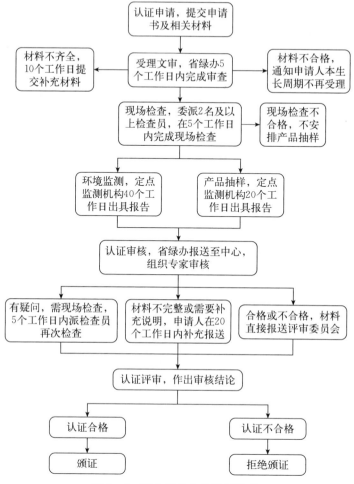

图 6-2 茭白绿色食品认证流程

污染。

（7）利用上一年度产地区域空气质量数据，综合分析产区空气质量。

2. 隔离保护要求

（1）应在绿色食品和常规生产区域之间设置有效的缓冲带或物理屏障，以防止绿色食品产地受到污染。

（2）绿色食品产地应与常规生产区保持一定距离，或在两者之间设立物理屏障，或利用地表水、山岭分割等其他方法，两者交界处应有明显可识别的界标。

（3）绿色食品种植产地与常规生产区农田间建立缓冲隔离带，可在绿色食品种植区边缘5～10米处种植树木作为双重篱墙，隔离带宽度8米左右，隔离带种植缓冲作物。

3. 空气质量要求　绿色食品茭白空气质量应符合表 6-1 的要求。

表 6-1　绿色食品茭白空气质量要求

项目	指标		检测方法
	日平均[a]	1 小时[b]	
总悬浮颗粒物（毫克/米^3）	≤0.30	—	GB/T 15432
二氧化硫（毫克/米^3）	≤0.15	≤0.50	HJ 482
二氧化氮（毫克/米^3）	≤0.08	≤0.20	HJ 479
氟化物（克/米^3）	≤0.7	≤20	HJ 480

[a] 日平均指任何一日的平均指标。

[b] 1 小时指任何一小时的指标。

4. 农田灌溉水水质要求　农田灌溉水包括用于农田灌溉的地表水、地下水，以及水培蔬菜、水生植物生产用水等，绿色食品茭白农田灌溉水应符合表 6-2 的要求。

表 6-2　绿色食品茭白农田灌溉水要求

项目	指标	检测方法
pH	5.5～8.5	HJ 1147
总汞（毫克/升）	≤0.001	HJ 694
总镉（毫克/升）	≤0.005	HJ 700
总砷（毫克/升）	≤0.05	HJ 694
总铅（毫克/升）	≤0.2	HJ 700
铬（六价）（毫克/升）	≤0.1	GB/T 7467
氟化物（毫克/升）	≤2.0	GB/T 7484
化学需氧量（COD$_{Cr}$）（毫克/升）	≤60	HJ 828
石油类（毫克/升）	≤1.0	HJ 970
粪大肠菌群[a]（MPN/升）	≤10 000	SL 355

[a] 仅适用于灌溉蔬菜、瓜类和草本水果的地表水。

5. 土壤环境质量要求　土壤环境质量按土壤耕作方式的不同分为旱田和水田两大类。茭白为水田作物，根据土壤 pH 分为 3 种情况，即 pH<6.5，6.5≤pH≤7.5，pH>7.5，绿色食品茭白土壤质量应符合表 6-3 的要求。

表 6 - 3 绿色食品茭白土壤质量要求

单位为毫克每千克

项目	旱田			水田			检测方法
	pH<6.5	6.5≤pH≤7.5	pH>7.5	pH<6.5	6.5≤pH≤7.5	pH>7.5	NY/T 1377
总镉	≤0.30	≤0.30	≤0.40	≤0.30	≤0.30	≤0.40	GB/T 17141
总汞	≤0.25	≤0.30	≤0.35	≤0.30	≤0.40	≤0.40	GB/T 22105.1
总砷	≤25	≤20	≤20	≤20	≤20	≤15	GB/T 22105.2
总铅	≤50	≤50	≤50	≤50	≤50	≤50	GB/T 17141
总铬	≤120	≤120	≤120	≤120	≤120	≤120	HJ 491
总铜	≤50	≤60	≤60	≤50	≤60	≤60	HJ 491

注：水旱轮作的标准值取严不取宽。底泥按照水田标准执行。

（二）生产技术

绿色食品生产过程的控制是绿色食品质量控制的关键环节，是绿色食品标准体系的核心内容，对允许、限制和禁止使用的生产资料及其使用方法、使用剂量、使用次数等作出了明确的规定。在茭白生产上，涉及的主要是生产绿色食品茭白的农药和肥料。

1. 农药使用规则

（1）AA 级绿色食品。AA 级绿色食品在生产过程中禁止使用任何化学合成的农药，根据《绿色食品　农药使用准则》（NY/T 393—2020）的内容并结合 2023 年 9 月茭白上登记的农药名单，笔者整理了 AA 级绿色食品茭白上可使用的植物保护产品，具体见表 6 - 4。茭白上常见的病虫害有锈病、胡麻叶斑病、纹枯病、螟虫、长绿飞虱等，由于 AA 级绿色食品能用的药物较少，加之我国茭白的生产方式仍然以粗放型为主，因此目前在茭白产业上进行 AA 级绿色食品认证难度较大。

表 6 - 4 AA 级绿色食品茭白可使用的植物保护产品

类别	物质名称	使用方法
植物来源	具有诱杀作用的植物（如香根草等）	在茭白田埂种植香根草，诱杀螟虫
动物来源	害虫天敌（如寄生蜂等）	在茭白田释放赤眼蜂防治螟虫，采用丽蚜小蜂防治长绿飞虱
微生物来源	井冈霉素	用于防治茭白纹枯病，在发病初期茎秆及叶面喷雾，10～15 天后再喷 1 次，每季最多使用 2 次，安全间隔期为 14 天

（2）A级绿色食品。A级绿色食品要求限量使用限定的化学合成药物。根据《绿色食品　农药使用准则》（NY/T 393—2020）的内容并结合 2023 年 9 月茭白上登记的农药名单，笔者整理了 A 级绿色食品茭白上可使用的植物保护产品，具体见表 6-5。

表 6-5　A 级绿色食品茭白可使用的植物保护产品

防治对象	药物名称[a]	有效成分含量[b]	剂型[c]	每 667 米² 制剂用量	施用方法
二化螟	香根草	—		—	田埂种植
	赤眼蜂	—		—	释放成年蜂
	甲氨基阿维菌素苯甲酸盐	2%	微乳剂	35～50 毫升	喷雾
	苏云金杆菌	32 000 国际单位/毫克	可湿性粉剂	333～500 倍液	喷雾
	氯虫·噻虫嗪	40%	水分散粒剂	3 333～5 000 倍液	喷雾
长绿飞虱	丽蚜小蜂	—		—	释放成年蜂
	噻虫嗪	25%	水分散粒剂	5 000～8 333 倍液	喷雾
	噻嗪酮	65%	可湿性粉剂	15～20 克	喷雾
	吡蚜酮	25%	可湿性粉剂	1 666～2 500 倍液	喷雾
胡麻叶斑病[d]	丙环唑	25%	乳油	15～20 毫升	喷雾
纹枯病	井冈霉素	24%	水剂	1 666～2 000 倍液	喷雾
	噻呋酰胺	30%	悬浮剂	2 000～2 500 倍液	喷雾

a 应选用在茭白及其相应病虫害上登记的农药，同时符合最新版本的 NY/T 393 的要求。

b 在有效成分用量相同的条件下，优先选择防治效果好且剂型对环境友好的登记品种。

c 表中列举的化学农药剂型和剂量并非唯一选择。选择其他不同剂量或剂型的登记品种时，产品剂型以水性化剂型（悬浮剂、微乳剂、水乳剂、可溶液剂）为主，代替可湿性粉剂和乳油等非环保剂型。

d 茭白孕茭前 1 个月，针对胡麻叶斑病预防性施药 1 次，孕茭期慎用杀菌剂。

2. 肥料使用规则

（1）AA 级绿色食品。不应使用化学合成肥料，应选用农家肥、有机肥和微生物肥。农家肥主要由植物、动物粪便等富含有机物的物料制作而成，包括秸秆肥、绿肥、厩肥、堆肥、沤肥、沼肥、饼肥等。

可使用完全腐熟的农家肥或符合《畜禽粪便堆肥技术规范》（NY/T 3442—2019）的堆肥，宜利用秸秆肥和绿肥，配合施用具有生物固氮、腐熟秸秆等功效的微生物肥。不应在土壤重金属局部超标地区使用秸秆或绿肥，肥料的重金属限量指标应符合《有机肥料》（NY/T 525—2021）和《肥料中砷、镉、铬、铅、汞含量的测定》（GB/T 23349—2020）的要求，粪大肠菌群数、蛔虫卵死亡率应符合《生物有机肥》（NY 884—2012）的要求。

有机肥应达到《含有机质叶面肥料》（GB/T 17419—2018）、《肥料中砷、镉、铬、铅、汞含量的测定》（GB/T 23349—2020）或《有机肥料》（NY/T 525—2021）的指标，按照《肥料合理使用准则　有机肥料》（NY/T 1868—2021）的规定使用。根据肥料性质（养分含量、碳氮比、腐熟程度）、作物种类、土壤肥力水平和理化性质、气候条件等选择肥料品种，可配施腐熟农家肥和微生物肥提高肥效。

微生物肥应符合《农用微生物菌剂》（GB 20287—2006）、《生物有机肥》（NY 884—2012）或《复合微生物肥料》（NY/T 798—2015）的要求，可与农家肥、有机肥和微生物肥配合施用，用于拌种、基肥或追肥。

（2）A 级绿色食品。除了 AA 级绿色食品可使用的农家肥、有机肥和微生物肥以外，还可以使用有机-无机复混肥料、无机肥料和土壤调理剂。可以使用符合《复合肥料》（GB/T 15063—2020）、《有机无机复混肥料》（GB/T 18877—2020）、《缓释肥料》（GB/T 23348—2009）、《脲醛缓释肥料》（GB/T 34763—2017）、《稳定性肥料》（GB/T 35113）、《含腐植酸尿素》（HG/T 5045—2016）、《腐植酸复合肥料》（HG/T 5046—2016）、《含海藻酸尿素》（HG/T 5049—2016）、《含腐植酸磷酸一铵、磷酸二铵》（HG/T 5514—2019）、《含海藻酸磷酸一铵、磷酸二铵》（HG/T 5515—2019）等要求的无机、有机-无机复混肥料作为有机肥、农家肥、微生物肥的辅助肥料。提高水肥一体化程度，利用硝化抑制剂或脲酶抑制剂等提高氮肥利用效率。可根据土壤障碍因子选用符合《土壤调理剂　通用要求》（NY/T 3034—2016）规定的土壤调理剂改良土壤。

（三）产品质量

申报绿色食品应符合其产品标准，茭白质量应符合《绿色食品　水生蔬菜》（NY/T 1405—2023）的要求。

1. 感官　绿色食品茭白感官应符合表 6-6 的要求。

表 6-6　绿色食品茭白感官要求

项目	要求	检验方法
茭白	具有同一品种或相似品种的基本特征和色泽，外观新鲜，茭壳表皮鲜嫩洁白，不变绿、变黄，茭形丰满，茭壳包紧，无损伤，中间膨大部分均匀，无病虫危害斑点，基部切口及肉质茎表面无锈斑，茭肉横切面洁白，有光泽，无脱水，无色差	将茭白置于白底器皿中，用目测法检测形态、新鲜度、病虫害、斑点等，用手握法检测肉茭硬实；虫害症状明显或症状不明显而又怀疑者，可剖开检验

2. 污染物和农药残留项目　应符合《食品安全国家标准　食品中农药最

大残留限量》（GB 2763—2021）、《食品安全国家标准 食品中污染物限量》（GB 2762—2022）、《绿色食品 农药使用准则》（NY/T 393—2020）及相关规定，绿色食品茭白污染物和农药残留限量应符合表6-7的要求。

表6-7 绿色食品茭白污染物和农药残留限量

序号	项目	指标	检验方法
1	铅（以Pb计）	≤0.1	GB 5009.12
2	总汞（以Hg计）	≤0.01	GB 5009.17
3	镉（以Cd计）	≤0.05	GB 5009.15
4	总砷（以As计）	≤0.5	GB 5009.11
5	铬（以Cr计）	≤0.5	GB 5009.123
6	乐果	≤0.01	GB 5009.121
7	毒死蜱	≤0.01	GB 23200.121
8	氧乐果	≤0.01	GB 23200.121
9	三唑磷	≤0.01	GB 23200.121
10	阿维菌素	≤0.01	GB 23200.121
11	敌敌畏	≤0.01	GB 23200.121
12	啶虫脒	≤0.01	GB 23200.121
13	多菌灵	≤0.01	GB 23200.121
14	苯醚甲环唑	≤0.01	GB 23200.121
15	吡虫啉	≤0.01	GB 23200.121
16	辛硫磷	≤0.01	GB 23200.121
17	三唑酮	≤0.01	GB 23200.121
18	百菌清	≤0.01	NY/T 761
19	氯氰菊酯	≤0.01	GB 23200.113

（四）包装、储藏运输

1. 包装 包装应符合《绿色食品 包装通用准则》（NY/T 658—2015）的要求。茭白上常用的包装材料有塑料袋、塑料筐等塑料类包装材料，具体要求如下。

（1）基本要求。应使用合理的包装形式来保证茭白的品质，利于茭白的运输、储存，并保障物流过程中茭白的质量安全。包装的使用实行减量化，包装的体积和重量应限制在最低水平，包装的设计、材料的选用及用量应符合《限制商品过度包装要求 食品和化妆品》（GB 23350—2021）的规定。宜使用可重复使用、可回收利用或生物降解的环保包装材料、容器及其辅助物，包装废弃物的处理应符合《包装与环境 第 1 部分：通则》（GB/T 16716.1—2018）的规定。

（2）安全卫生要求。茭白的包装应符合相应的食品安全国家标准和包装材料卫生标准的规定。不应使用含有邻苯二甲酸酯、丙烯腈和双酚 A 类物质的包装材料。茭白包装上印刷的油墨或贴标签的黏合剂不应对人体和环境造成危害，且不应直接接触茭白。茭白的包装材料以塑料袋、塑料筐为主。直接接触茭白的塑料包装材料和制品不应使用回收再用料，直接接触茭白的塑料包装材料和制品应使用无色的材料，不应使用聚氯乙烯塑料。

（3）生产要求。包装材料、容器及其辅助物的生产过程控制应符合《食品包装容器及材料生产企业通用良好操作规范》（GB/T 23887—2009）的规定。

（4）环保要求。茭白包装中 4 种重金属（铅、镉、汞、六价铬）和其他危险性物质含量应符合《包装与环境 第 1 部分：通则》（GB/T 16716.1—2018）的规定。宜采用单一材质的材料、易分开的复合材料、方便回收或可生物降解的材料。不应使用含氟氯烃（CFS）的发泡聚苯乙烯（EPS）、聚氨酯（PUR）等产品作为包装物。

2. 储藏 绿色食品茭白的储藏运输应符合《绿色食品 储藏运输准则》（NY/T 1056—2021）的要求。主要内容为绿色食品不应与非绿色食品混放，不应与有毒、有害、有异味、易污染物品同库存放。应设专人管理，定期检查储藏情况，定期清理、消毒和通风换气，保持洁净卫生。直接接触茭白的相关工作人员应持健康证上岗，建立储藏设施管理记录程序，保留储藏电子档案记录，记载出入库产品的地区、日期、种类、等级、批次、数量、质量、包装情况及运输方式等，确保可追溯、可查询。相关档案保留 3 年以上。

3. 运输 运输工具应专用，在装入绿色食品茭白之前，应清理干净，必要时进行灭菌消毒。运输工作的铺垫物、遮盖物等应清洁、无毒、无害。冷链物流运输工作应具备自动温度记录和监控设备。绿色食品与非绿色食品运输时应严格分开，性质相反或风味交叉影响的绿色食品不应混装在同一运输工具中。运输过程中轻装、轻卸，防止挤压、剧烈震动和日晒雨淋。保留运输电子档案记录，保留 3 年以上。

第二节 有机农产品

一、简介

有机农产品是根据有机农业原则和有机农产品生产方式及标准生产、加工出来的，并通过有机食品认证机构认证的农产品。有机农业指在动植物生产过程中不使用化学合成的农药、化肥、生产调节剂、饲料添加剂等物质，以及基因工程生物及其产物，而是遵循自然规律和生态学原理，采取一系列可持续发展的农业技术，协调种植业和养殖业的平衡，维持农业生态系统持续稳定的一种农业生产方式。

有机农产品与其他农产品的区别主要体现在3个方面：

（1）有机农产品在生产过程中禁止使用农药、化肥、激素等人工合成的物质，并且不允许基因工程技术；其他农产品允许有限使用这些物质，并且不禁止使用基因工程技术。

（2）有机农产品在土地生产转型方面有严格规定。考虑到某些物质在环境中会残留相当一段时间，土地从生产其他农产品到生产有机农产品需要2～3年的转换期，即在开始生产有机产品的2～3年之内必须不使用农药和化肥等；而生产绿色农产品则没有土地转换期的要求。

（3）有机农产品在数量上须进行严格控制，要求定地块、定产量，其他农产品没有如此严格的要求。

二、认证程序

我国具有多个有机食品认证机构，以中绿华夏有机食品认证机构为例，认证程序主要包括认证委托人提交申报材料、中绿华夏有机食品认证中心（COFCC）受理评审、中心寄发受理通知书、认证委托人签订认证合同并缴费、中心派遣检查组实地检查、检查组提交检查报告、COFCC综合审核、颁证委员会作出认证决定8个流程，具体流程见图6-3。

三、认证关键点

（一）转换期

茭白为多年生植物，转换期至少为有机产品收获前的36个月。新开垦、撂荒36个月以上的或有充分证据证明36个月以上未使用禁用物质的地块，也应经过至少12个月的转换。禁用物质污染的地块可延长转换期。对于已经经过转换或正处于转换期的地块，若使用了禁用物质，应重新开始转换。当地块用的禁用物质是当地政府机构为处理某种病害或虫害而强制使用时，可缩短既定的转换期，但应关注使用产品中禁用物质的降解情况，确保在转换期结束之前，土壤中或茭白体内的残留达到非显著水平，所收获的产品不应作为有机产品销售。

（二）平行生产

在同一个生产单元中可同时生产易于区分的有机和常规作物，但该单元的有机和常规生产部分（包括地块、生产设施和工具）应能够完全分开，并采取适当措施避免与常规产品混杂和被禁用物质污染。在同一生产单元内，多年生

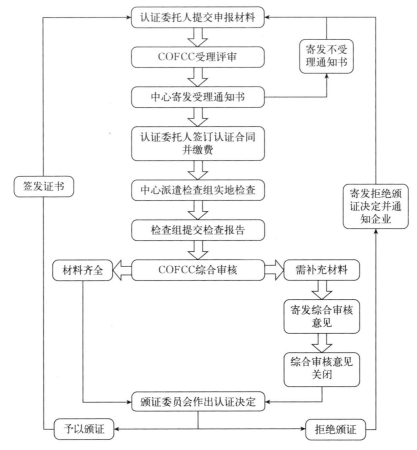

图 6-3　有机农产品认证流程

植物不应存在平行生产，除非同时满足以下条件：

（1）生产者应制定有机转换计划，计划中应承诺在可能的最短时间内开始对同一单元内相关常规生产区域实施转换，该时间最多不能超过 5 年。

（2）采取适当的措施以保证从有机和常规生产区域收获的产品能够得到严格分离。

（三）产地环境要求

有机产品生产需要在适宜的环境条件下进行，生产基地应远离城区、工矿区、交通主干线、工业污染源、生活垃圾场等，并宜持续改进产地环境。产地环境质量应符合以下要求：

（1）在风险评估的基础上选择适宜的土壤，并符合《土壤环境质量　农用地土壤污染风险管控标准（试行）》（GB 15618—2018）的要求。

（2）农田灌溉用水水质符合《农田灌溉水质标准》（GB 5084—2021）的规定。

（3）环境空气质量符合《环境空气质量标准》（GB 3095—2012）的规定。

（四）缓冲带

应对有机生产区域受到邻近常规生产区域污染的风险进行分析。在存在风险的情况下，则应在有机生产和常规生产区域之间设置有效的缓冲带或物理屏障，以防止有机生产地块受到污染。需要注意的是，缓冲带上种植的植物不能认证为有机产品。

（五）种子和植物繁殖材料

应选择适合当地土壤和气候条件、抗病虫害的植物种类及品种。在品种的选择上，应充分考虑保护植物的遗传多样性。应选择有机种子或植物繁殖材料。当从市场上无法获得有机种子或植物繁殖材料时，可选用未经禁止使用物质处理过的常规种子或植物繁殖材料，并制定和实施获得有机种子和植物繁殖材料的计划。不应使用经禁用物质和方法处理过的种子和植物繁殖材料。

（六）栽培

宜通过间套作等方式增加生物多样性、提高土壤肥力、增强植物的抗病能力。应根据当地情况制定合理的灌溉方式（如滴灌、喷灌、渗灌等）。

（七）土肥管理

应通过适当的耕作与栽培措施维持和提高土壤肥力，包括回收、再生、补充土壤有机质和养分来补充因植物收获而从土壤带走的有机质和土壤养分；采用种植豆科植物、免耕或土地休闲等措施进行土壤肥力的恢复。如果以上措施无法满足植物生长的需求，可施用有机肥以维持和提高土壤的肥力、保持土壤营养平衡和土壤生物活性，同时应避免过度施用有机肥而造成环境污染。应优先使用本单元或其他有机生产单元的有机肥。若外购商品有机肥，应经认证机构许可后使用。不应在叶菜类、块茎类和块根类植物上施用人粪尿，在其他植物上需要使用时，应当进行充分腐熟和无害化处理，并不应与植物食用部分接触。可使用溶解性小的天然矿物肥料，但不应将此类肥料作为系统中营养循环的替代物。矿物肥料只能作为长效肥料并保持其天然组分，不应采用化学处理提高其溶解性。不应使用矿物氮肥。可使用生物肥料，为使堆肥充分腐熟，可在堆制过程中添加来自自然界的微生物，但不应使用转基因生物及其产品。植物生产中使用土壤培肥和改良物质时应符合《有机产品　生产、加工、标识与管理体系要求》（GB/T 19630—2019）附录 A 的要求。

（八）病虫草害防治

病虫草害防治的基本原则应从农业生态系统出发，综合运用各种防治措施，创造不利于病虫草害滋生和有利于各类天敌繁衍的环境条件，保持农业生态系统的平衡和生物多样化，减少各类病虫草害所造成的损失。应优先采用农业措施，通过选用抗病抗虫品种、非化学药剂种子处理、培育壮苗、加强栽培管理、中耕除草、耕翻晒垡、清洁田园、轮作倒茬、间作套种等一系列措施起到防治病虫草害的作用。尽量利用灯光、色彩诱杀害虫，机械捕捉害虫，机械或人工除草等措施，防治病虫草害。

在必要情况下，需使用植物保护产品时，应符合《有机产品　生产、加工、标识与管理体系要求》（GB/T 19630—2019）附录 A 的要求，有机农产品茭白允许使用的植物保护产品见表 6-8。

表 6-8　有机农产品茭白允许使用的植物保护产品

类别	名称和组分	使用条件
植物和动物来源	昆虫天敌（如赤眼蜂、瓢虫等）	控制虫害
微生物来源	细菌及细菌制剂（如苏云金芽孢杆菌、枯草芽孢杆菌等）	杀虫剂、杀菌剂、除草剂
其他	昆虫性外激素	仅用于诱捕器和散发皿内
诱捕器、屏障	物理措施（如色彩/气味诱捕器、机械诱捕器等）	—
	覆盖物（秸秆、杂草、地膜、防虫网等）	—

（九）设施栽培

应使用土壤或基质进行植物生产，不应通过营养液栽培的方式生产。不应使用禁用物质处理设施农业的建筑材料和栽培容器。使用土壤培肥和改良物质时，应符合《有机产品　生产、加工、标识与管理体系要求》（GB/T 19630—2019）附录 A 的要求，不应含有禁用的物质。当使用动物粪肥作为养分的来源时，应堆制。应采用土壤再生和循环使用措施。在生产过程中，宜使用可回收或循环使用的栽培容器。可采用以下方法替代轮作：

（1）与抗病植株的嫁接栽培。

（2）夏季和冬季耕翻晒垡。

（3）通过施用可生物降解的植物覆盖物（如作物秸秆和干草）来使土壤再生。

（4）部分或全部更换温室土壤，但被替换的土壤应再用于其他的植物生产活动。

（十）分选、清洗及其他收获后处理

植物收获后的清洁、分拣、切割、保鲜等简单加工过程应采用物理、生物的方法。用于处理常规产品的设备，应在处理有机产品前清理干净。对不易清理的处理设备，可采取冲顶措施。设备器具应保证清洁，避免对产品造成污染。对设备设施进行清洁、消毒时，应避免对产品的污染。

(十一) 污染控制

应采取措施防止常规农田的水渗透或漫入有机地块。应避免因施用外部来源的肥料造成禁用物质对有机产品的污染。常规农业系统中的设备在用于有机生产前，应采取清洁措施，避免常规产品混入和禁用物质污染。在使用保护性的建筑覆盖物、塑料薄膜、防虫网时，宜选择聚乙烯、聚丙烯或聚碳酸酯类产品，并且使用后应从土壤中清除，不应焚烧。不应使用聚氯类产品。

(十二) 水土保持和生物多样性保护

应采取措施，防止水土流失、土壤沙化和盐碱化。应充分考虑土壤和水资源的可持续利用。应采取措施，保护天敌及其栖息地。应充分利用作物秸秆，不应焚烧处理，除非因控制病虫害的需要。

第三节　良好农业规范

一、简介

自 1997 年欧洲零售商农产品工作组 (EUREP) 提出良好农业规范 (GAP)，即 EUREP GAP，到 2001 年 EUREP 首次对外公布标准，再到 2007 年 EUREP 宣布将 EUREP GAP 更改为国际通行的全球良好农业规范认证 (GLOBAL GAP)，自此 GAP 成为国际通行的认证。我国自 2004 年开始中国良好农业规范 (China GAP) 标准的编写和制定工作，2005 年底正式发布 China GAP 认证标准，2006 年初正式实施。China GAP 标准参照了国际相关 GAP 标准，如 GLOBAL GAP，遵循了联合国粮食及农业组织确定的 GAP 基本原则，同时结合了我国相关国情和法律法规。该系列标准从可追溯性、食品安全、动物福利、环境保护以及工人健康、安全、福利等方面，在控制食品安全危害点的同时，兼顾了可持续发展，该认证采用国际通用的第三方认证方式。China GAP 认证分为 2 个级别：一级认证和二级认证。一级认证与 GLOBAL GAP 要求一致，即 GAP＋认证，等同于全球良好农业规范认证。二级认证是在全球良好农业规范的基础上，按照我国农业生产实际情况，在保证良好农业规范普适性的前提下，创新了良好农业规范认证标准体系，为更多的生产企业申请良好农业规范认证做好前期基础性工作。

相较于我国现行主流的"两品一标"认证标准，良好农业规范认证除注重安全外，更加注重可持续发展与福利要求。一是采用危害分析与关键控制点 (HACCP) 方法识别、评价和控制食品安全危害，强调从源头解决有害因子污染问题，注重记录和溯源制度。在种植业、养殖业生产过程中，根据种植、养殖对象的特点，对种养全过程管控提出要求，确保种植、养殖产品的质量与安全。二是通过规范生产企业在生产全过程中依照环保法律法规和生产操作标准，从而达到农业生产加工与自然环境的可持续发展。三是明确将员工福利与职业健康纳入规范。四是对动物福利提出要求，并纳入规范。

二、认证程序

我国具有多个良好农业规范认证机构，以农业农村部农产品质量安全中心为例，认证程序见图6-4。

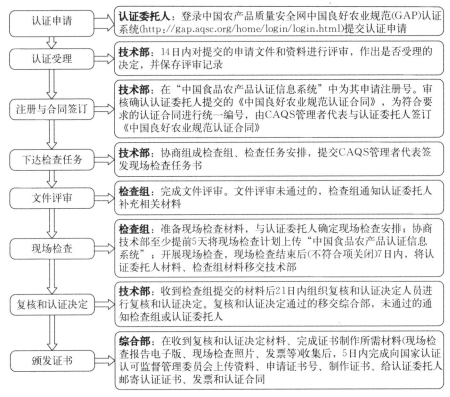

图6-4 良好农业规范认证程序

三、认证关键点

（一） 认证基本要求

1. 认证依据 良好农业规范系列国家标准分为农场基础标准［如《良好农业规范 第2部分：农场基础控制点与符合性规范》（GB/T 20014.2—2013）］、种类基础标准［如《良好农业规范 第3部分：作物基础控制点与符合性规范》（GB/T 20014.3—2013）］和产品模块标准［如《良好农业规范 第

5 部分：水果和蔬菜控制点与符合性规范》（GB/T 20014.5—2013）〕三类。在实施认证时，应将农场基础标准、种类基础标准和（或）产品模块标准结合使用，见图 6-5。

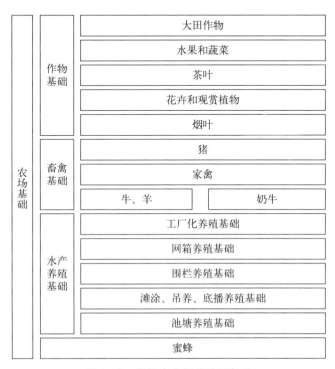

图 6-5　良好农业规范认证标准

　　茭白属于蔬菜产品，因此，茭白产品在认证时应符合《良好农业规范　第2 部分：农场基础控制点与符合性规范》（GB/T 20014.2—2013）、《良好农业规范　第 3 部分：作物基础控制点与符合性规范》（GB/T 20014.3—2013）、《良好农业规范　第 5 部分：水果和蔬菜控制点与符合性规范》（GB/T 20014.5—2013）3 个标准中的相应内容。

　　2. 认证选项

　　（1）农业生产经营者认证。通过认证后，农业生产经营者为证书持有人。分为以下几种情况：

　　① 单一场所。农业生产经营者仅拥有一个生产区域。

　　② 未实施质量管理体系的多场所。农业生产经营者拥有多个生产区域，且每个生产区域不作为独立的法人实体运作，同时农业生产经营者未按要求建立并实施质量管理体系。

　　③ 实施质量管理体系的多场所。农业生产经营者拥有多个生产区域，且

每个生产区域不作为独立的法人实体运作，同时农业生产经营者已按要求建立并实施质量管理体系。

（2）农业生产经营者组织认证。由 2 个及以上的农业生产经营者通过合同关系形成的组织申请良好农业规范认证，同时农业生产经营者组织已按要求建立并实施质量管理体系。

3. 认证级别及要求　中国良好农业规范认证级别分为一级认证和二级认证，控制点不同级别内容见表 6 - 9。

表 6 - 9　良好农业规范认证控制点不同级别内容

控制点等级	级别内容
1	基于危害分析与关键控制点（HACCP）和与食品安全直接相关的动物福利的所有食品安全要求
2	基于 1 级条款要求的环境保护、员工福利、动物福利的基本要求
3	基于 1 级条款和 2 级条款要求的环境保护、员工福利、动物福利的持续改善措施要求

一级认证应符合所有适用的 1 级控制点的要求；应至少符合所有适用的 2 级控制点总数 95% 的要求。不设 3 级控制点的最低符合百分比。

二级认证应至少符合所有适用的 1 级控制点总数 95% 的要求，导致消费者、员工、动植物安全和环境严重危害的控制点必须符合要求。不设定 2 级控制点、3 级控制点的最低符合百分比。

茭白属于蔬菜产品，对认证产品需符合的《良好农业规范　第 2 部分：农场基础控制点与符合性规范》（GB/T 20014.2—2013）、《良好农业规范　第 3 部分：作物基础控制点与符合性规范》（GB/T 20014.3—2013）、《良好农业规范　第 5 部分：水果和蔬菜控制点与符合性规范》（GB/T 20014.5—2013）3 个标准中的控制点进行梳理，茭白产品共涉及 256 个控制点。其中，1 级控制点 102 个、2 级控制点 127 个、3 级控制点 27 个，具体见表 6 - 10。

表 6 - 10　茭白产品良好农业规范认证不同模块控制点数量

模块	控制点	1 级	2 级	3 级
农场基础	53	25	21	7
作物基础	123	35	77	11
果蔬	80	42	29	9
合计	256	102	127	27

（二）茭白良好农业规范认证要求

1. 认证委托人资质 认证委托人申请时应具备以下条件：

（1）能对生产过程和产品负法律责任，已取得国家公安机关颁发的居民身份证的自然人，或是在国家工商行政管理部门或有关机构注册登记的法人。

（2）已取得相关法规规定的行政许可（适用时）。

（3）认证委托人及其相关方生产、处理的产品符合相关法律法规、质量安全卫生技术标准及规范的基本要求。

（4）认证委托人按照标准要求建立和实施了文件化的种植/养殖的操作规程或良好农业规范管理体系（适用时），并在初次检查前至少有3个月的完整记录。

（5）申请认证的产品应在国家认证认可监督管理委员会公布的《良好农业规范产品认证目录》内。

（6）认证委托人及其相关方在过去一年内未出现产品质量安全重大事故及滥用或冒用良好农业规范认证标志宣传的事件。

（7）认证委托人及其相关方一年内未被认证机构撤销认证证书。

认证委托人应根据自身法律主体的组成形式按农业生产经营者或农业生产经营者组织两种选项申请认证。

认证申请人在申请时应提交以下材料：

（1）良好农业规范初次认证/再认证申请书。

（2）营业执照复印件。

（3）注册商标复印件（如果有）。

（4）相关生产许可证复印件（适用时）。

（5）土地使用证明材料复印件。

（6）认证产品生产流程。

（7）认证产品加工流程图（适用时）。

（8）认证产品消费国家/地区对药物残留限量要求材料。

（9）现场检查前至少3个月完整记录清单。

（10）内部检查表。

（11）管理体系文件〔质量手册、程序文件、作业指导书（仅初次认证）〕。

2. 管理制度建设

（1）组织机构。为保证生产主体良好农业规范管理体系的正常运行，申请主体应根据自身情况建立与质量体系相适应的组织机构和管理方式，明确各部门、各岗位人员的职责、权限及相互关系，以保证生产的规范性，并为质量体系的运转奠定基础。各部门人员在各自职责范围内负责具体执行。生产主体应严格贯彻GAP管理理念，执行良好农业规范认证实施规则及GAP标准要求，以浙江省某茭白生产合作社为例，内部管理组织结构见图6-6。

（2）茭白种植规范性文件。应根据生产主体的实际编制适用的种植规范性文件，形成茭白生产程序文件。例如，文件控制程序，记录控制程序，健康、安全与福利管理程序，卫生管理程序，员工培训管理程序，产品追溯与隔离程序，出入库管理程序，认证标志使用管理程序，投诉处理程序，产品召回程序，内部检查程序，不符合及纠正行动程序。

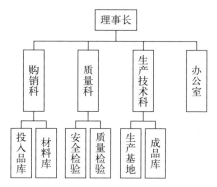

图6-6 浙江省某茭白生产合作社内部管理组织结构

（3）人员管理。人员管理主要包括员工资料，员工培训，书面的卫生规程，事故和紧急情况的处理规程，人员健康、安全和福利5个方面。

① 员工资料。包括员工的名单、身份信息、雇用合同等，员工资料应进行书面记录，在第一次外部检查后记录留存2年。

② 员工培训。应涵盖茭白生产所有环节，包括与安全、健康、卫生相关内容培训，专业技能培训，如植保人员应经过专业培训，内部检查员应进行相关内容培训。培训应保存培训记录，记录包括培训内容、授课人、培训日期、参加人员、签到表、培训效果等。

③ 书面的卫生规程。应包括手的卫生要求，皮肤伤口的包扎，设有吸烟、饮食和喝水的特定限制区域，传染病的报告制度，茭白产品不直接接触地面等。书面的卫生规程应张贴在基地的明显位置，生产基地员工应严格遵守规程要求。

④ 事故和紧急情况的处理规程。应包含农场相关的地图或地址，包括医院、消防、警察、水/电力部门等相关部门的电话号码，灭火器的位置，紧急情况的处理以及事故和危险情况的报告方式。应在危险区域竖立危害警示牌，配有急救箱，将事故和紧急情况的处理规程张贴在基地显眼处。

⑤ 人员健康、安全和福利。工作环境、健康安全以及卫生状况应具有书面的风险评估报告，每年至少计划和举行2次管理层与员工的会议，形成会议记录，饮食区、洗手设施和饮用水处或员工生活区应具有相应的设施及标识。

（4）设备管理。应建立设施设备的清洁、校准、维修制度，做好设施设备的清洁、校准和维修记录。

3. 过程控制 过程控制是指茭白的生产全过程质量控制，包括产前、产中、产后3个环节。主要是基于风险评估结果制定茭白生产的操作规程文件，包括农场管理计划、农场卫生规程、废弃物和污染物处理计划、野生动植物保护管理计划、事故和紧急情况处理规程、肥料库管理规程、有害生物综合管理规程、水资源管理计划、农药库管理规程、产品取样规程、产品检验规程、农产品采收与包装卫生规程、玻璃和透明硬塑料管理规程、有害生物诱捕点和陷阱点计划、来访者个人卫生和安全规程、食品防护计划、节约能源行动计划、新种植土地风险评估规程、有机肥风险评估规程、水质风险评估规程、植保产品使用风险评估规程、农产品采收和运输卫生状况风险评估规程等内容。

（1）产前。产前主要是进行产地环境的质量控制。生产基地应具有生产布局图，具有生产环节的风险评估报告，具有农场管理计划（包括植物环境质量、土壤板结、土壤侵蚀等内容），具有废弃物和污染物处理计划（废弃物处理区不靠近农产品和产品储存区，每天至少清理 1 次，可临时存放），具有野生动物的管理计划和保护方针，具有土壤管理计划（一年生作物宜有适当的轮作，并保存轮作记录）。

生产基地应选择水源丰富、保水性好的田块，远离污染源。灌溉用水水质应符合《农田灌溉水质标准》（GB 5084—2021）中水田作物的要求，土壤污染风险管控应按照《土壤环境质量　农用地土壤污染风险管控标准（试行）》（GB 15618—2018）的要求执行，空气质量应符合《环境空气质量标准》（GB 3095—2012）的要求。种植前，应从以下几个方面对基地环境进行调查和评估，并保存相关的检测和评价记录：基地的历史使用情况以及化学农药、重金属等残留情况；周围农用、民用和工业用水的排污和溢流情况以及土壤的侵蚀情况；周围农业生产中农药等化学物品使用情况，包括化学物品的种类及其操作方法对茭白质量安全的影响。

废弃物和污染物管理：生产地周围产生的所有垃圾应清理干净；农药包装废弃物处理按照《农药包装废弃物回收处理管理办法》的规定执行，及时收集农药包装废弃物并交回农药经营者或农药包装废弃物回收站（点）；配药时，应当通过清洗等方式充分利用包装物中的农药，减少残留农药，保存相关处理记录；废弃和过期的农药应按国家相关规定处理；肥料包装废弃物按照《农业农村部办公厅关于肥料包装废弃物回收处理的指导意见》的规定执行；植株残体处理按《蔬菜废弃物高温堆肥无害化处理技术规程》（NY/T 3441—2019）的规定执行；地膜和棚膜应及时回收处理，地膜残留量应满足《农田地膜残留量限值及测定》（GB/T 25413—2010）的限值要求；避免重金属、激素等化学污染物流入农田或污染农用水。

（2）产中。

① 栽培管理。包括种苗繁育（种墩选择、直立茎采集、育苗田管理等）、定植（定植密度、行距、株距等）、间苗补苗、去杂去劣、清洁田园、促早栽培、肥水管理等。

② 农业投入品管理。

采购：应购买符合法律法规、获得国家登记许可的农药、肥料等农业投入品，查验产品批号、标签标识是否符合规定。购买时，应进行实名登记，索取票据并妥善保存。负责购买农业投入品的人员应经过相关培训。

运输储存：农业投入品从供应商到生产基地的运输过程需按相关要求放置，农药、肥料等化学投入品应与其他物品隔离分开，防止交叉污染。建立和保存农业投入品库存目录。农业投入品按照农药、肥料、器械等进行分类，不同类型农业投入品应根据产品储存要求单独隔离存放，防止交叉污染。储存仓库应符合防火、卫生、防腐、避光、温湿度适宜、通风等安全条件，配有急救药箱，出入处贴有警示标志。农业投入品应有专人管理，并有入库、出库、领用以及使用地点记录。农业投入品库应上锁，专人领取使用，库内备有储存沙、扫帚、簸箕和塑料袋等物品并进行标识。液体植保产品应存放于固体植保产品下方，避免泄漏污染固体产品。

使用：遵守投入品使用要求，选择合适的施用器械，在农技人员的指导下，适时、适量、科学合理地使用农业投入品。建立和保存农药、肥料和施用器械的使用记录。内容包括基地名称、农药或肥料名称、农药的防治对象、安全间隔期、生产厂家、有效成分含量、施用量、施用方法、施用器械、施用时间以及施用人等。设有农药、肥料配制专用区域，并有相应的设施。配制区域应远离水源、居所、畜牧场、水产养殖场等。对过期的投入品做好标记，回收隔离，并安全处置。施药器械每年至少检修1次，保持良好状态。使用完毕，器械及时清洗干净，废液和包装分类回收。

③ 有害生物防治。

基本原则：按照"预防为主，综合防治"的原则，根据病虫害发生规律，优先采用农业防治、物理防治、生物防治等技术。必要时，科学精准地使用化学防治。

农业防治：选用抗病虫性好的品种，科学肥水管理，结合中耕除草，及时清除枯（黄、病）叶、虫蛀株和卵块。

物理防治：迁飞性害虫成虫发生期选用频振式杀虫灯诱杀，分布密度按说明书执行。螟虫成虫发生期用昆虫性信息素诱杀，分布密度和诱芯更换周期按产品说明书执行。福寿螺可采用在田间插高出水面50厘米左右的竹片或木条引诱其产卵，插杆密度根据产卵情况增减，结合人工捡螺摘卵进行防治。

生物防治：采用茭白田间套养殖鸭、鱼、鳖、蟹等模式控制茭白有害生物。采用香根草、赤眼蜂防治螟虫。采用丽蚜小蜂防治长绿飞虱。茭白田侧较宽路边和田埂边种植芝麻、波斯菊、向日葵等蜜源植物，引入害虫天敌。

化学防治：按照"生产必须、防治有效、风险最小"的原则，选择可使用农药。应选用茭白上已登记的农药品种。应按照产品标签规定的剂量、作物、防治对象、施用次数、安全间隔期、注意事项等施用农药。应交替轮换使用不同作用机理的农药品种。农药配制、施用时间和方法、施药器械选择和管理、安全操作、剩余农药的处理等，按《农药安全使用规范　总则》（NY/T 1276—2007）的规定执行。农药宜选用水剂、水乳剂、微乳剂和水分散粒剂等环境友好型剂型。茭白孕茭前1个月，针对锈病和胡麻叶斑病预防性施药1次，孕茭期慎用杀菌剂。

（3）产后。

① 采收。采收时，确保施用的农药已过安全间隔期。宜在孕茭部位显著膨大、叶鞘刚开裂、露出茭壳0～0.5厘米时采收。宜避开高温时段，在晴天的清晨或阴天等气温较低时进行采收。

② 包装标识。

卫生要求：应有专用包装场所，内外环境应整洁、卫生，根据需要设置消毒、防尘、防虫、防鼠等设施和温湿度调节装置。防止在包装和标识过程中对茭白造成二次污染，避免机械损伤。

包装材料：茭白直接接触的塑料薄膜袋、塑料箱和塑料筐等塑料类包装材料应符合《食品安全国家标准　食品接触用塑料材料及制品》（GB 4806.7—2023）的规定。塑料薄膜袋宜选用具有防雾、防结露等功能的无滴膜。茭白外包装瓦楞纸应符合《瓦楞纸板》（GB/T 6544—2008）的规定，内包装纸质塑料复合材料应符合《食品包装用纸与塑料复合膜、袋》（GB/T 30768—2014）的规定。

标识：附加承诺达标合格证等标识后方可销售。标识内容应包含产品的品名、产地、生产者、生产日期、保质期、产品质量等级等内容。

③ 储存。

入库的准备：入储前5天，对库房进行消毒，消毒方法按照《水果气调库储藏　通则》（NY/T 2000—2011）的规定执行。入库前，对制冷设备检修并调试正常，库房温度应预先1～3天降至−1～0℃。

入库码放：茭白摆放宜为"井"字形，堆垛与库壁间隙宜大于10厘米，每立方米有效库容量的储藏不宜超过200千克，未经预冷的茭白日入库量应不超过库容量的30%。储存用茭白应为整修好的壳茭，按照不同品种、产地、等级、时间分别垛码，并悬挂垛牌。

预冷：茭白采收后，宜在2～6小时内运送到预冷库进行预冷，使茭白中心温度接近储藏温度，一般茭白品种的预冷温度为（0±1）℃，预冷时间为24～36小时。

储藏温湿度：储藏温度宜为0～1℃，空气相对湿度宜为85%～90%。储藏期间，应防止库房内温度的急剧变化，波动幅度不超过±1℃。库房应实行专人管理，定期对库内温度、湿度等重要参数及注意事项做出记录，建立档案。定期抽查，如发现微生物侵染或病虫害感染的茭白，需及时从库内清除。

④ 运输。运输宜采用冷藏车、保温车或附带保温箱的运输设备，车辆运输前应进行清洁，车内温度宜为0~5℃。装车时，包装与包装之间要摆实、绑紧，层间宜加上减震材料，轻装、轻卸，防止因震动或挤压引起的损伤，运输时间以在48小时内为宜。

⑤ 质量管理。销售的产品应符合农产品质量安全标准，承诺不使用禁用的农药及其他化合物，且使用的常规农药不超标，并附承诺达标合格证等。根据质量安全控制要求，可自行或者委托检测机构对茭白质量安全进行抽样检测，经检测不符合农产品质量安全标准的茭白产品，应当及时采取管控措施，不应销售。

生产批号以保障溯源为目的，作为生产过程各项记录的唯一编码，包括产地、基地名称、产品类型、田块号、采收时间等信息内容。

生产批号的编制和使用应有文件规定。每给定一个生产批号均应有记录。宜采用二维码等现代信息技术和网络技术，建立电子追溯信息体系。

(三) 现场检查重点

1. 检查时间

(1) 初次检查应在产品的收获期进行，包括收获后农产品处理过程，也应同时实施检查。

(2) 当无法在收获期间进行检查时，可选择其他时间进行，但应在检查报告中注明理由。

(3) 现场检查在收获前进行时，认证机构应安排后续检查或由认证委托人通过传真、图片等方式提交符合性证据。

(4) 现场检查在收获后进行时，认证委托人应保留与收获相关的控制点符合性证据以便认证机构现场检查时进行验证。

2. 检查内容

(1) 召开首次会议。检查开始时，检查组长应主持召开首次会议，邀请各部门相关人员参加对检查目的、检查范围、检查人员及其分工、检查采用的方法、工作及时间安排、内审计划中不明确的内容作简要说明。

(2) 现场检查。检查员通过交谈、查阅文件记录等方式现场检查产品基地、农药和肥料等投入品仓库、产品处理场所、包装场所、储存场所和卫生情况等，验证质量体系和产品追溯体系的运行情况，了解员工管理情况，根据检查中发现的问题确定不符合项和改进建议。

(3) 末次会议。检查结束后，由检查组长主持召开末次会议，检查过程相关人员到会。末次会议主要说明检查发现的不符合项，提出检查小组的结论和建议，以及对纠正措施采取的验证安排。

（4）认证后整改。针对现场检查专家提出的不符合项，应在规定时间内采取纠正措施。

第四节　名特优新农产品

一、简介

我国自 2018 年开始启动全国名特优新农产品名录收集登录工作，全国名特优新农产品是指在特定区域（原则上以县域为单元）内生产、具备一定生产规模和商品量、具有显著地域特征和独特营养品质特色、有稳定的供应量和消费市场、公众认知度和美誉度高的农产品。名特优新农产品的发展理念是实施全程质量控制，在安全方面倡导实施标准化生产、推广应用生态环保投入品，在品质方面鼓励改良创新品种、稳定提升营养品质水平，在产销衔接方面鼓励提升包装标识水平、加强宣传推介，全方位打造优质农产品品牌。

申请登录全国名特优新农产品名录的农产品，应当符合下列条件：符合全国名特优新农产品名录收集登录的基本特征；有稳定的生产规模和商品量；实施全程质量控制和依托龙头骨干生产经营主体引领带动；产地环境符合国家相关技术标准规范要求，产品符合食品安全相关标准要求，近 3 年来未出现过重大农产品质量安全问题。

全国名特优新农产品名录原则上以县域为单位申请，经县级人民政府确认的县级名特优新农产品主管机构（单位）作为名录登录申请主体。因此，名特优新农产品的所有权归政府所有，一个名特优新农产品能够赋予县域内一定数量的生产主体使用该标志，政府部门负责对标志的使用进行管理监督。

二、认证程序

全国名特优新农产品由县域提出登录申请，提交相关申报材料，经地市级农业农村部门农产品质量安全工作机构、省级农业农村部门农产品质量安全工作机构、农业农村部农产品质量安全中心等从下而上各级工作机构审核后，最终由农业农村部农产品质量安全中心公示无异议后，登录公告和核发证书（图 6-7）。

三、认证关键点

（一）农产品的选择

全国名特优新农产品的内涵分为名、特、优、新 4 个字，首先对农产品本

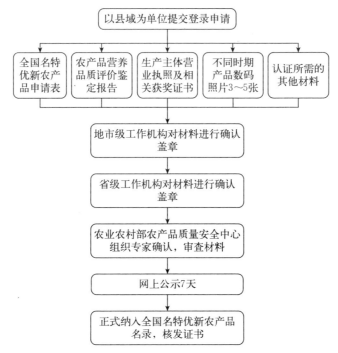

图 6-7　全国名特优新农产品认证流程

身具有一定的要求，需要根据要求进行筛选。"名"是指在县域范围内具有一定的名气，具有一定的种植规模，公众认可度高、知名度高的农产品。就茭白而言，露天茭白在县域内的生产规模应在 100 公顷以上，设施茭白应在 50 公顷以上。"特"是指地域特色农产品，需要深入挖掘具有鲜明地域特色的农产品，挖掘可以形成当地种植名片的农产品。"优"在名特优新中占核心地位，是消费者购买产品时关注度最高的特征，主要针对农产品的质量，既要质量安全，又要品质优良。"新"是农产品生产中包含了新技术、新品种、新方式等，需要向公众进行广泛宣传推介，使其得到广泛推广和应用。

（二）农产品营养品质特征挖掘

名特优新农产品申报时，要求登录产品在保证安全的同时必须具有独特的营养品质特征。产品申报前，必须进行营养品质评价鉴定，通过评价鉴定，帮助申报者和生产经营单位挖掘、厘清产品具有的独特营养品质特征，在申报材料上标明 3～5 个特征营养元素名称及其含量。登录后，每年要进行跟踪检查和年度确认，而且每 3 年要提交 1 次营养品质评价鉴定报告，分析判断产品营养品质特征的稳定性，不再符合条件的退出名录。因此，农产品的营养品质特征挖掘是申报的关键环节。

根据全国名特优新农产品营养品质评价鉴定规范，在水生蔬菜类产品中，茭白名特优新农产品鉴定参考指标见表 6-11，鉴定机构一般会结合文献资料及各地区茭白的特征对茭白品质鉴定指标进行筛选，最终从检测结果中优选出申报产品的优势品质指标进行申报。

表 6-11　茭白名特优新农产品鉴定参考指标

产品名称	检测参数		检测方法
茭白	一般营养品质	蛋白质	GB 5009.5—2016 食品安全国家标准 食品中蛋白质的测定
		淀粉	GB 5009.9—2023 食品安全国家标准 食品中淀粉的测定
		维生素 C	GB 5009.86—2016 食品安全国家标准 食品中抗坏血酸的测定
		水分	GB 5009.3—2016 食品安全国家标准 食品中水分的测定
		还原糖	GB 5009.7—2016 食品安全国家标准 食品中还原糖的测定
		可溶性糖	NY/T 1278—2007 蔬菜及其制品中可溶性糖的测定 铜还原碘量法
		可溶性固形物	NY/T 2637—2014 水果和蔬菜可溶性固形物含量的测定 折射仪法
		粗纤维	GB/T 5009.10—2003 植物类食品中粗纤维的测定
		氨基酸	GB 5009.124—2016 食品安全国家标准 食品中氨基酸的测定
	特殊营养品质指标	钾	GB 5009.91—2017 食品安全国家标准 食品中钾、钠的测定
		锰	GB 5009.242—2017 食品安全国家标准 食品中锰的测定

（三）各级联动，共同推进

名特优新农产品的认证需要农产品生产主体、全国名特优新农产品营养品质评价鉴定机构、县级名特优新农产品主管机构、地市级农业农村部门农产品质量安全工作机构、省级农业农村部门农产品质量安全工作机构、农业农村部农产品质量安全中心等多个组织部门共同推动、协同工作，才能最终申报成功。每个环节、每个部门缺一不可，对内向上应多汇报沟通，争取给予更多的关注与支持，向下多给予指导与服务，提高思想认识，推动工作落实；对外向生产经营主体宣传指导，提高申报积极性。

第五节　特质农品

一、简介

为贯彻乡村振兴战略，落实国家质量兴农、绿色兴农和品牌强农战略部署，加快培育特色农业品牌，科学引导消费，及时指导生产，促进产销对接，更好地满足公众对特色优质农产品的个性化需求，农业农村部农产品质量安全中心于 2020 年 10 月 15 日发布了《关于探索开展特质农品登录工作的通知》，明确了《特质农品登录技术规范（试行）》，开启了特质农品登录工作。农业农村部农产品质量安全中心于 2022 年 1 月 2 日发布了《特质农品评价鉴定技术规范通则》《特质农品（蔬菜类）评价鉴定技术规范》和《特质农品（水果类）评价鉴定技术规范》，为特质农品收集登录工作奠定了技术基础。

特质农品是指产自特定产地环境条件，具有稳定且可感知、可识别、可量化的独特品质特征，具有一定生产规模，有稳定的供应量和消费群体，并经农业农村部农产品质量安全中心登录的农产品。特质农品证书有效期为 3 年。

二、认证程序

特质农品登录坚持自愿申请、技术评价、信息公开、动态管理和公益服务原则。特质农品登录申请常态化受理，农业农村部农产品质量安全中心技术确认后原则上每季度公布 1 次。特质农品的申请主体须为规模化生产经营主体，生产过程执行农产品全程质量控制技术体系，有稳定的生产规模和商品量，有包装标识和注册商标，且近 3 年未发生过质量安全问题。申报主体应在申报农产品最佳品质期内取样，根据产品的储藏要求，将样品放在常温或冷藏设备中储存，尽快送至就近的品质评价鉴定机构进行检测评价。申报主体准备好申报材料后，县级工作机构负责对申请材料的真实性和可靠性进行初审，提出推荐意见并加盖印章后报地市级工作机构。地市级工作机构负责对申请材料的规范性和完整性进行技术审核，提出审核意见并加盖印章后报省级工作机构。省级工作机构负责对申请材料的代表性和符合性进行技术审查，提出审查意见并加盖印章后报农业农村部农产品质量安全中心。农业农村部农产品质量安全中心负责组织专家对特质农品申请材料和独特品质特征进行全面技术评审。符合条件的，在中国农产品质量安全网（国家农产品质量安全公共信息平台）公示 5个工作日。公示无异议的，由农业农村部农产品质量安全中心核发特质农品证书，并通过中国农产品质量安全网和微信公众号等媒介向社会公布。具体流程见图 6-8。

三、认证关键点

（一）申报农产品要求

申报特质农品的产品应符合以下条件：

（1）有明确的产地范围、特定的生产条件和特定的品种。

（2）有稳定的生产规模和商品量。

（3）具有 1~2 种可感知、可识别、可量化的独特品质特征，量值显著有别于同类产品，且持续稳定在特定量值范围内。

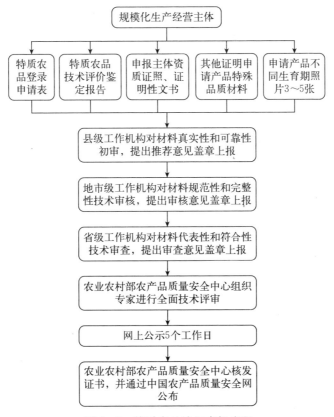

图6-8 特质农品认证申报流程

（4）独特品质特征来源于独特产地环境、独特品种并经动植物及微生物自然生长形成，非人为外源性添加。

（5）生产过程执行农产品全程质量控制技术体系。

（6）包装上市的产品一般应有包装标识和注册商标。

（7）产品符合食品安全强制性标准要求，近3年未发生过质量安全问题。

特质农品的独特品质特征评价鉴定包括对产地环境（土壤、水等）、生产过程和最终产品的评价。评价鉴定报告由申请主体自行委托业务技术对口的全国名特优新农产品营养品质评价鉴定机构（试验站）依规出具。样品取样时间应在该类产品的最佳品质期内。最佳品质期的确定，需要根据不同蔬菜产品在其种植区域的成熟期来确定，一般选择在全面采收期进行，避免样品过生或过熟的极端化情况。

（二）农产品品质特征评价

蔬菜类产品评价指标主要分为感官品质、营养品质、加工储运品质、安全品质等指标。

感官品质指标：包括产品的大小、重量、形状、色泽、香味、甜度、酸度、苦味程度、涩味程度、鲜嫩程度等。

营养品质指标：主要包括通用性营养指标和特征性营养指标，具体见表 6-12。通用性营养主要包括糖类、维生素、纤维素、蛋白质、矿物质等。特征性营养主要包括具有某些生物活性的成分，如紫色蔬菜含有的花青苷等。

表 6-12　特质农品茭白评价参考指标（可选）

产品名称	类别	鉴定参数	鉴定方法
茭白	通用型营养指标	粗纤维	GB/T 5009.10—2003　植物类食品中粗纤维的测定
		淀粉	GB 5009.9—2023　食品安全国家标准　食品中淀粉的测定
		维生素 C	GB 5009.86—2016　食品安全国家标准　食品中抗坏血酸的测定
	特征性营养指标	叶绿素	NY/T 3082—2017　水果、蔬菜及其制品中叶绿素含量的测定　分光光度法
		类胡萝卜素	GB 5009.83—2016　食品安全国家标准　食品中胡萝卜素的测定
		花青素	NY/T 2640—2014　植物源性食品中花青素的测定　高效液相色谱法
		微量元素	—
		其他功能营养成分	—

加工储运品质指标：主要指该蔬菜产品用于加工、储运的特殊性指标，须依据其特性或加工方式确定，如加工型辣椒的辣椒红素、加工番茄的番茄红素等。

安全品质指标：主要指该蔬菜产品自身含有的生物毒素，如茄果类蔬菜的龙葵素、新鲜黄花菜的秋水仙碱等。

茭白属于水生蔬菜类，因此应符合《特质农品（蔬菜类）评价鉴定技术规范》的相关要求。

第七章

全产业链基地展示

第一节 浙江省衢州市衢江区菱阳家庭农场

一、生产基地简介

浙江省衢州市衢江区菱阳家庭农场成立于 2015 年 8 月,注册资金 50 万元,面积 160 余亩。基地位于衢州市衢江区杜泽镇桥王村,地处铜山、双桥两源咽喉,是衢城通往上方、淳安、建德的重要节点,农田地势平坦连片,坐拥铜山源水库、工农兵水库天然灌溉资源,地理位置优越,区位优势独特(图 7 - 1)。

图 7 - 1 杜泽菱白基地

基地先后获得浙江省种植业"五园创建"示范基地"放心菱白示范种植园"、衢州市示范性家庭农场、杜泽菱白国家地理标志证明商标授权企业、浙江省蔬菜技术创新与服务推广团队示范基地等称号。基地常年提供就业岗位 15 余个,临时就业岗位 40 余个,年产值 350 万元,创造经济效益 200 余万元,带动周边 30 余户农民发展茭白种植，创收 200 余万元，并于 2021 年 10 月在广东省梅州市建设完成 220 亩春季茭白种植基地和衢州江山 120 亩单季茭白种植基地，以实现多地种植全年供应的目标。

二、标准化生产技术

基地作为衢州市衢江区茭白产业农民合作经济组织联合会的理事长单位，起草制定企业标准《优质茭白生产技术规程》（Q/JY 001—2019），并参与制定市级团体标准《杜泽茭白》（T/QSJX 005—2022），引领衢江区茭白标准化种植的示范作用显著。

在生产过程中，基地全面推广农产品标准化生产技术体系和产品质量可追溯制度，严格按照企业标准《优质茭白生产技术规程》（Q/JY 001—2019）开展茭白绿色种植。基地以茭白种植为主，部分莲藕与茭白轮作，选择优质、抗性强、丰产性好的品种，如金茭 1 号、浙茭 3 号、浙茭 6 号等。产品有夏茭、秋茭两季，供应期长达 8 个月。基地建有 20 米² 农产品检测室、220 米² 管理用房、160 米² 产品分级包装场、150 米² 恒温包装车间、100 米² 蔬菜保鲜库。在生产过程中，基地严格按照企业标准《优质茭白生产技术规程》（Q/JY 001—2019）的规定执行，对农资、农业投入品实施进出库管理，登记造册，严格规定农药、化肥使用量。强化全程质量控制、生产档案记录和质量追溯管理，实施食用农产品达标合格证制度，培育绿色茭白精品，以标准化成果带动周边农户实施标准化生产。

三、产品介绍

来自铜山源水库的低温水，滋养出了表皮光滑、光亮，肉质莹白如玉，口感鲜嫩、细脆、略带甘甜的"美人腿"茭白。基地在 2020 年注册"茭阳"牌商标，产品在 2022 年获得中国良好农业规范一级认证，2023 年获绿色食品认证（图 7 - 2）。2023 年 5 月，与衢州迅鑫供应链管理有限公司合作成为盒马鲜生茭白供应商，已供应 60 多吨高品质茭白销往华东地区的近百家盒马门店，销售总额达 150 多万元（图 7 - 3）。与盒马鲜生平台的合作，让杜泽茭白这一地域品牌在市场上逐渐打响，开启了茭白销售新时代。

第二节　上海练塘叶绿茭白有限公司

一、生产基地简介

1999 年 12 月 9 日，上海市青浦区练塘镇为规范全镇茭白生产、提升茭白产业能级，注册成立了上海练塘叶绿茭白有限公司，为全面推进和引领练塘镇

中国良好农业规范认证证书

绿色食品认证证书

图7-2 基地茭白产品认证证书

图7-3 杜泽茭白获国家地理标志证明商标且产品上架盒马鲜生

茭白标准化生产和产业化建设发挥了龙头企业作用（图7-4）。

2009年12月，上海练塘叶绿茭白有限公司获得练塘茭白地理标志保护产品专用标志证书，为上海首个农产品获得国家地理标志保护产品的认证主体（图7-5）；2018年1月，通过绿色食品审核，获得绿色食品认证证书（图7-6）。

图 7-4 上海练塘叶绿茭白有限公司

图 7-5 练塘茭白地理标志保护产品专用标志证书　　图 7-6 绿色食品认证证书

二、标准化生产技术

随着茭白产业的发展,练塘地区茭农专业合作社如雨后春笋,蓬勃发展,在茭白产业产销领域发挥作用,为保障练塘茭白的产品质量,形成了"公司+合作社"的练塘特色农业产业框架。在公司运行中,严格按照标准化生产技术实施生产,对种苗繁育、农药施用、肥料施用、采收储运等实行统一化管理,对现有茭白相关标准进行梳理，配备茭白质量安全相关的检验检测标准设备和技术手段，确保练塘茭白的质量安全。茭白采收后对产品的质量安全和规格等级进行分级，严格把关，提升产品质量，保证产品安全，增加产品附加值。

三、产品介绍

练塘镇常年茭白种植面积基本稳定在 1.5 万亩左右，年复种面积达 2.5 万~2.8 万亩次，年产优质茭白 6 万~7 万吨，年产值近 1.8 亿~2.5 亿元。茭白产业的经济比重已占练塘镇农业产值的 43.7%。凭借得天独厚的地理优势，练塘茭白色泽洁白、肉质细腻、甜脆鲜美，富含人体所需的氨基酸、粗纤维、铁等，经过 10 多年的努力，练塘镇和练塘茭白获得了享誉市场的"水中人参""一镇一品"和"华东茭白第一镇"等美誉。茭白产业的产能效益每年仍以一定幅度持续增长（图 7-7）。

图 7-7　基地茭白

茭白销售方面，主要依托镇区域内上海练塘叶绿茭白有限公司管理的 6 个茭白市场，通过商贩交易的营销模式分流至上海、江苏、浙江、安徽、福建等大型蔬菜批发市场，再由各地方市场逐步向整个华东地区及国内其他地区覆盖。也有部分合作社依托上海练塘叶绿茭白有限公司与联华、农工商、家乐福、叮咚买菜、盒马鲜生等各大商场超市、电商平台签订产销对接协议，以净菜式、小包装等初加工型产品，拓展市场消费渠道和消费群体（图 7-8）。逐步尝试开放式、放射型、多元化的网络营销管理模式，进入市场化运作，提高练塘茭白的市场价值和社会经济效益。

图 7-8　练塘茭白包装

第三节　浙江省台州市黄岩官岙茭白专业合作社

一、生产基地简介

浙江省台州市黄岩官岙茭白专业合作社成立于 2008 年 9 月，业务范围包括茭白种植、销售，为黄岩茭白地理标志使用单位，于 2022 年被列为国家农民合作社示范社，并获中国良好农业规范认证。该社双季茭白生产基地位于浙江省台州市黄岩区北洋镇官岙村，毗邻饮用水水源一级保护区长潭水库，自然环境优越，雨水充沛，温光资源丰富，非常适合茭白生长。核心示范基地面积 400 余亩，基地内田间道路、水利设施配套完善，82 省道穿基地而过，距台州互通（沈海高速）仅 20 千米，交通运输十分便利（图 7-9）。

该基地先后被授予"台州市乡村振兴巾帼实践基地""浙江省现代农业科技示范基地""浙江省团队科技特派员示范基地"和"一品一策"专项茭白全产业链质量安全风险管控示范基地等称号。

二、标准化生产技术

结合黄岩区的自然环境条件，基地实施与黄岩茭白相配套的标准化生产技术。基地内主栽龙茭 2 号、浙茭 911、浙茭 3 号等高产优质茭白品种，早中晚熟品种搭配露地、大棚等不同栽培方式，延长上市期；应用"带茭苗"二次扩繁育苗技术，提高种苗纯度至 97% 以上，繁育系数至 100 以上；开展秸秆还田、施用有机无机配方肥，培肥地力，保证茭白生长所需养分；应用太阳能杀

图 7-9　台州市黄岩官岙茭白专业合作社茭白种植基地

虫灯、昆虫性诱剂、种植香根草等病虫害绿色防控措施，实现每季农药减施 2 次以上；应用茭墩（根）清理机、秸秆收割机、无人机飞防等一批省力化机械，降低劳动强度，提高生产效率。

三、产品介绍

在生产过程中，基地全面应用茭白全产业链标准化生产和农产品质量可追溯制度。该社所有的北洋清水牌商标被认证为台州市著名商标，生产的茭白身直、肉质洁白、光滑细嫩、味道鲜美，于 2021 年获绿色食品认证，并先后在浙江农业博览会上获金奖 4 次、优质奖 2 次（图 7-10、图 7-11）。该社建有冷库 1 300 米³，在茭白采后实行分级包装与冷藏预冷保鲜，供货期为每年的 3—7 月、10—12 月。该社采用"基地＋合作社＋农户＋直销窗

图 7-10　产品包装

口"的模式，实现产、供、销一条龙的产业格局，产品主销温州、合肥、武汉、广州等国内大中型城市。2022 年实现销售量 3 800 余吨，经营服务总收入

2 000 万元，并辐射带动周边农户 700 多户，经济效益和社会效益非常显著。

图 7-11　产品所获荣誉

第四节　浙江省丽水市缙云县五羊湾果蔬专业合作社

一、生产基地简介

浙江省丽水市缙云县五羊湾果蔬专业合作社成立于 2008 年，位于"中国茭白之乡"壶镇镇，注册资金 50 万元。合作社主要从事茭白生产、销售、技术推广、种苗、农资购销，机耕等社会化服务。合作社在本地及外县建有茭白生产基地 4 600 亩，注册商标五羊湾，拥有茭白交易市场 800 米²，是缙云茭白的主要集散地之一，先后带动 4 500 多农户，种植面积达到 16 000 多亩，年产值达到 4.2 亿元（图 7-12）。基地现有茭白品种 18 个，主要栽培品种为美人茭、浙茭 3 号、北京茭。

二、标准化生产技术

在生产过程中，合作社全面推广标准化栽培技术，推广生物农药、太阳能杀虫灯、诱捕器、种植显花作物等绿色防控技术。合作社实施生产全过程管控，严格按照说明执行农药的使用对象、用量规范、用药时期等，茭白上市前进行农药残留检测，确保茭白质量安全。合作社生产的茭白实行一证一码，实现茭白的生产信息可追溯。同时，结合缙云的地域特点，开展茭鸭共育模式，进行茭白与缙云麻鸭的种养结合，实现缙云茭白生态种植的创新（图 7-13）。

图 7 - 12 缙云万亩茭海

茭鸭共育模式，为缙云茭白在防虫、除草、减药、少肥、省工、节本上取得显著成效。

图 7 - 13 缙云茭白——麻鸭共生系统

三、产品介绍

缙云县境内山水秀丽，生态环境优良，拥有国家 AAAA 级旅游名胜仙都风景区，是国家级生态县、国家级生态示范区。多样化的气候资源、四季分明，特别适宜茭白生长，得天独厚的自然条件孕育了缙云茭白独特的产品品质。基地生产的茭白，洁白嫩滑，具光泽，似"美人腿"，质地致密，鲜嫩无渣，口感甜脆，素有"水中蔬菜之王"的美誉，多次被评为浙江丽水茭白质量评比金奖、浙江省精品果蔬展金奖。

合作社产品以农贸市场批发销售为主渠道，茭白销往浙江省的杭州、宁波、温州、台州以及广州、虎门、泉州、长沙、南昌、成都、合肥、武汉、上海、南京、济南、西安、北京等省外大中城市。同时，合作社与宁波、杭州等大型超市进行农超对接，建立直销基地。通过邮乐购、淘宝网等网络平台，实现缙云茭白线上销售。2022 年，合作社茭白年销量超 2 万吨，销售额近 1 亿元，合作社的茭白基地通过海关审核，成为出口食品原料种植场，基地所产的茭白外销至西班牙、意大利、美国等，成功开拓了缙云茭白海外市场。

第五节　福建省泉州市安溪县茭白农业产业化联合体

一、生产基地简介

安溪县茭白农业产业化联合体，位于福建省泉州市安溪县龙门镇，成立于 2011 年，以龙门泗贸蔬菜专业合作社等为主体组建而成，现有基地 6 000 余亩，主要分布在龙门镇的桂林、桂瑶、龙美、翠坑和观山等 5 个村（图 7 - 14）。该产业基地的发展，得到了安溪县县委、县人民政府的大力支持，2020 年安溪县人民政府印发了《安溪县扶持特色现代农业发展暂行规定》，对连片种植茭白面积达 50 亩及以上的种植大户，每亩奖励 300 元，大力推进产业化联合体的发展壮大。2021 年，该联合体入选全国第一批现代农业茭白全产业链标准化试点基地。

目前，该联合体正在筹建安溪县龙门镇茭白冷链物流基地，占地面积 1 500 米²，建筑面积 2 700 米²，集茭白冷藏保鲜、分拣包装、物流配送于一体，全面推行茭白采后储藏保鲜标准化生产技术，有力推动龙门茭白产业的持续健康发展。

二、标准化生产技术

安溪县茭白农业产业化联合体，积极主动与浙江省农业科学院、福建省农

图 7-14 安溪县龙门镇茭白生产基地

业科学院等科研院所合作，按照茭白全产业链标准化生产技术规范，围绕优良地方品种桂瑶早茭白、引进筛选的双季茭白早中熟品种浙茭 3 号、浙茭 7 号、浙茭 8 号等，配套开展种苗繁育、农业投入品使用、病虫害绿色防控、采后储藏保鲜等标准化全产业链生产技术研究，有力地推动了龙门茭白产业的跨越发展。

单季茭白，以桂瑶早茭为主，一般 12 月中下旬育苗，2 月下旬移栽，4 月下旬开始采收，茭白上市时间早、市场价格高，7—8 月份高温季节孕茭停滞，8 月份气温下降恢复孕茭，并一直采收至 10 月下旬，翻耕晒田后起垄种植大蒜（青蒜）或其他越冬蔬菜。双季茭白以浙茭 3 号、浙茭 7 号、浙茭 8 号等为主，10 月下旬育苗，11 月底至 12 月初定植，2 月中旬开始采收茭白，抢占早春茭白市场；第二季 5 月中旬移栽，10 月上中旬采收茭白。茭白与大蒜或其他蔬菜品种轮作，可以有效减轻病虫危害，改善土壤环境，提高种植效益。

三、产品介绍

安溪县茭白农业产业化联合体主产区，地处戴云山脉南部延伸区，海拔约650 米，年平均气温 23.8 ℃，空气清新、雨量充沛、水质优良，气候条件优越，成就了龙门茭白"水中人参"的美誉，其色泽洁白、肉质细嫩、口感甜脆，富含丰富的蛋白质、维生素和多种微量元素，声名远扬，畅销上海、广东及福建省内的泉州、厦门等地。2018年"龙门茭白"获得国家地理标志证明商标，2019年桂林村茭白荣获福建省省级"一村一品"典型，2021年"龙门茭白"入选全国名特优新农产品（图7-15），并被评为"海峡两岸最受欢迎伴手礼"。

图7-15 产品进入全国名特优新农产品名录

附录一　茭白等级规格（NY/T 1834—2010）

ICS 67.080.20
B 31

中华人民共和国农业行业标准

NY/T 1834—2010

茭白等级规格

Grades and specifications of water bamboo shoots

2010-05-20 发布　　　　　　　　　　2010-09-01 实施

中华人民共和国农业部 发布

前　　言

本标准由中华人民共和国农业部种植业管理司提出并归口。

本标准起草单位：农业部农产品质量监督检验测试中心（杭州）、余姚市河姆渡茭白研究中心。

本标准主要起草人：王小骊、王强、胡桂仙、董秀金、符长焕、朱加虹。

茭白等级规格

1　范围

本标准规定了茭白等级规格、包装、标识的要求及参考图片。

本标准适用于鲜食茭白。

2　规范性引用文件

下列文件中的条款通过本标准的引用而成为本标准的条款。凡是注日期的引用文件，其随后所有的修改单（不包括勘误的内容）或修订版均不适用于本标准，然而，鼓励根据本标准达成协议的各方研究是否可使用这些文件的最新版本。凡是不注日期的引用文件，其最新版本适用于本标准。

GB/T 191　包装储运图示标志

GB/T 6543　运输包装用单瓦楞纸箱和双瓦楞纸箱

GB 7718　预包装食品标签通则

GB/T 8855　新鲜水果和蔬菜　取样方法

GB 9687　食品包装用聚乙烯成型品卫生标准

NY/T 1655　蔬菜包装标识通用准则

国家质量监督检验检疫总局令　2005 年第 75 号　定量包装商品计量监督管理办法

3　要求

3.1　等级

3.1.1　基本要求

茭白应符合下列基本要求：

——具有同一品种特征，茭白充分膨大，其成长度达到鲜食要求，不老化；

——外观新鲜、有光泽，无畸形，茭形完整、无破裂或断裂等；

——茭肉硬实、不萎蔫，无糠心；

——无灰茭，无青皮茭，无冻害，无其他较严重的损伤；

——清洁、无杂质，无害虫，无异味，无不正常的外来水分；

——无腐烂、发霉、变质现象；

——壳茭不带根、切口平整，茭壳呈该品种固有颜色，可带 3～4 片叶鞘，带壳茭白总长度不超过 50 cm。

3.1.2 等级划分

在符合基本要求的前提下，茭白分为特级、一级和二级，具体要求应符合表 1 的规定。

表 1 茭白等级

项目	特 级	一 级	二 级
色泽	净茭表皮鲜嫩洁白，不变绿变黄	净茭表皮洁白、鲜嫩，露出部分黄白色或淡绿色	净茭表皮洁白、较鲜嫩，茭壳上部露白稍有青绿色
外形	茭形丰满，中间膨大部分匀称	茭形丰满、较匀称，允许轻微损伤	茭形较丰满，允许轻微损伤和锈斑
茭肉横切面	洁白，无脱水，有光泽，无色差	洁白，无脱水，有光泽，稍有色差	洁白，有色差，横切面上允许有几个隐约的灰白点
茭壳	茭壳包紧，无损伤	茭壳包裹较紧，允许轻微损伤	允许轻微损伤

3.1.3 等级允许误差

等级的允许误差按其茭白个数计，应符合：

a) 按数量计，特级允许有 5% 的产品不符合该等级的要求，但应符合一级的要求；

b) 按数量计，一级允许有 8% 的产品不符合该等级的要求，但应符合二级的要求；

c) 按数量计，二级允许有 10% 的产品不符合该等级的要求，但应符合基本要求。

3.2 规格

3.2.1 规格划分

以茭体部分最大直径为划分规格的指标，在符合基本要求的前提下，茭白分为大（L）、中（M）、小（S）三个规格。具体要求应符合表 2 的规定。

表 2 茭白规格

单位为毫米

规 格	大 (L)	中 (M)	小 (S)
横径	>40	30~40	<30
同一包装中最大和最小直径的差异	≤10		≤5

3.2.2 允许误差范围

规格的允许误差范围按其茭白个数计，特级允许有 5% 的产品不符合该规格的要求；一级和二级分别允许有 10％的产品不符合该规格的要求。

4　包装

4.1　基本要求

同一包装内茭白产品的等级、规格应一致。包装内的产品可视部分应具有整个包装产品的代表性。

4.2　包装材料

包装材料应清洁卫生、干燥、无毒、无污染、无异味，并符合食品卫生要求；包装应牢固，适宜搬运、运输。包装容器可采用塑料袋或内衬塑料薄膜袋的纸箱。采用的塑料薄膜袋质量应符合 GB 9687 的要求，采用的纸箱则不应有虫蛀、腐烂、受潮霉变、离层等现象，且符合 GB/T 6543 的规定。特殊情况按交易双方合同规定执行。

4.3　包装方式

包装方式宜采用水平排列方式包装，包装容器应有合适的通气口，有利于保鲜和新鲜茭白的直销。所有包装方式应符合 NY/Y 1655 的规定。

4.4　净含量及允许短缺量

每个包装单位净含量应根据销售和运输要求而定，不宜超过 10 kg。

每个包装单位净含量允许短缺量按国家质量监督检验检疫总局令 2005 年第 75 号规定执行。

4.5　限度范围

每批受检样品质量和大小不符合等级、规格要求的允许误差按所检单位的平均值计算，其值不应超过规定的限度，且任何所检单位的允许误差值不应超过规定值的 2 倍。

5　抽样方法

按 GB/T 8855 规定执行。抽样数量应符合表 3 的规定。

表 3　抽样数量

批量件数	≤100	101～300	301～500	501～1 000	>1 000
抽样件数	5	7	9	10	15

6　标识

包装箱或袋上应有明显标识，并符合 GB/T 191、GB 7718 和 NY/T 1655 的要求。内容包括产品名称、等级、规格、产品执行标准编号、生产和供应商及其详细地址、产地、净含量和采收、包装日期。若需冷藏保存，应注明储藏方式。标注内容要求字迹清晰、完整、规范。

7 参考图片

茭白包装方式及各等级规格实物图片参见图1、图2、图3。

纸箱包装	塑料袋包装

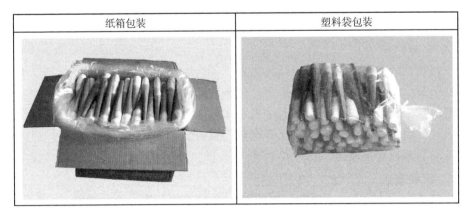

图1 茭白包装方式

特 级	一 级	二 级

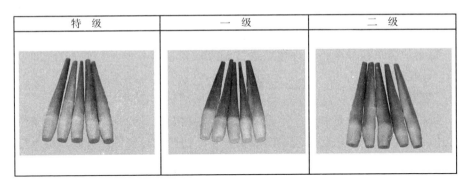

图2 茭白等级

大(L)	中(M)	小(S)

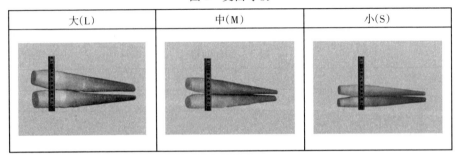

图3 茭白规格

附录二 绿色食品 水生蔬菜（NY/T 1405—2023）

ICS 67.080.20
CCS X 26

中华人民共和国农业行业标准

NY/T 1405—2023
代替 NY/T 1405—2015

绿色食品 水生蔬菜

Green food—Aquatic vegetable

2023-02-17 发布 2023-06-01 实施

中华人民共和国农业农村部 发布

前　　言

本文件按照 GB/T 1.1—2020《标准化工作导则　第 1 部分：标准化文件的结构和起草规则》的规定起草。

本文件代替 NY/T 1405—2015《绿色食品　水生蔬菜》，与 NY/T 1405—2015 相比，除结构调整和编辑性改动外，主要技术变化如下：

a) 更改了文件名称"绿色食品 水生蔬菜"的英文译名（见封面名称英文译名）；

b) 更改了水生蔬菜产品的适用范围，删除了水芋、水蕹菜，将"莲子米"改为"莲子（鲜）"（见第 1 章）；

c) 增加了芡实、慈姑、豆瓣菜、莼菜、水芹、蒲菜、菱、莲子（鲜）的感官要求以及检验方法，更改了荸荠、茭白的感官要求内容以及检验方法（见 4.3 表 1）；

d) 增加了苯醚甲环唑、啶虫脒、三唑磷、氧乐果、吡虫啉 5 项农药残留检测项目和检测方法（见 4.4 表 2）；

e) 更改了乐果、敌敌畏、氯氰菊酯、阿维菌素、毒死蜱、三唑酮、多菌灵、辛硫磷的检测方法（见 4.4 表 2，2015 版的 3.4 表 2）；

f) 删除了溴氰菊酯、氰戊菊酯、氟限量（见 2015 版的 3.4 表 2）；

g) 删除了"注"的内容（见 2015 版的 3.4 表 2）；

h) 增加了有关"净含量"的要求（见第 4.6）；

i) 更改了有关"检验规则"的要求（见第 5 章）；

j) 更改了荸荠、慈姑、茭白、豆瓣菜、莼菜、水芹、蒲菜学名，增加了水生蔬菜对应的英文名（见附录 B 表 B.1，2015 版的附录 A 表 A.1）。

本文件由农业农村部农产品质量安全监管司提出。

本文件由中国绿色食品发展中心归口。

本文件起草单位：广东省农业科学院农业质量标准与监测技术研究所、广东省农业标准化协会、中国绿色食品发展中心、农业农村部农产品及加工品监督检验测试中心（广州）、广东农科监测科技有限公司、青岛市华测检测技术有限公司、南平市享通生态农业开发有限公司、郴州市栖汉生态农业科技有限公司。

本文件主要起草人：杨慧、耿安静、陈岩、曾坤宏、王旭、张志华、张宪、刘雯雯、朱娜、唐伟、粘昊菲、廖若昕、刘香香、赵波、李洪、王富华。

本文件及其所代替文件的历次版本发布情况为：

——2007 年首次发布为 NY/T 1405—2007，2015 年第一次修订；

——本次为第二次修订。

绿色食品　水生蔬菜

1　范围

本文件规定了绿色食品水生蔬菜的术语和定义、要求、检验规则、标签、包装、运输和储藏。

本文件适用于绿色食品水生蔬菜，包括芡实、荸荠、慈姑、茭白、豆瓣菜、莼菜、水芹、蒲菜、菱、莲子（鲜）等的新鲜产品，各水生蔬菜的学名、英文名及俗名见附录 B。本文件不适用于莲藕、水芋、水蕹菜、蒌蒿。

2　规范性引用文件

下列文件中的内容通过文中的规范性引用而构成本文件必不可少的条款。其中，注日期的引用文件，仅该日期对应的版本适用于本文件；不注日期的引用文件，其最新版本（包括所有的修改单）适用于本文件。

GB 2762　食品安全国家标准　食品中污染物限量

GB 2763　食品安全国家标准　食品中农药最大残留限量

GB 5009.11　食品安全国家标准　食品中总砷及无机砷的测定

GB 5009.12　食品安全国家标准　食品中铅的测定

GB 5009.15　食品安全国家标准　食品中镉的测定

GB 5009.17　食品安全国家标准　食品中总汞及有机汞的测定

GB 5009.123　食品安全国家标准　食品中铬的测定

GB 23200.113　食品安全国家标准　植物源性食品中 208 种农药及其代谢物残留量的测定　气相色谱-质谱联用法

GB 23200.121　食品安全国家标准　植物源性食品中 331 种农药及其代谢物残留量的测定　液相色谱-质谱联用法

GB/T 32950　鲜活农产品标签标识

JJF 1070　定量包装商品净含量计量检验规则

NY/T 391　绿色食品　产地环境质量

NY/T 393　绿色食品　农药使用准则

NY/T 394　绿色食品　肥料使用准则

NY/T 658　绿色食品　包装通用准则

NY/T 761　蔬菜和水果中有机磷、有机氯、拟除虫菊酯和氨基甲酸酯类农药多残留的测定

NY/T 1055　绿色食品　产品检验规则

NY/T 1056　绿色食品　储藏运输准则

国家市场监督管理总局令　2023年第70号　定量包装商品计量监督管理办法

3　术语和定义

本文件没有需要界定的术语和定义。

4　要求

4.1　产地环境

应符合 NY/T 391 的规定。

4.2　生产过程

生产过程中农药和肥料使用应分别符合 NY/T 393 和 NY/T 394 的规定。

4.3　感官

应符合表1的规定。

表 1　感官要求

项目	要求	检验方法
芡实	具有同一品种或相似品种的基本特征和色泽，有粉红色、暗红色或棕红色内种皮，一端呈现黄白色，约占全体 1/3，有凹点状的种脐痕，除去内种皮显白色，剖面呈圆形或者椭圆形，质较硬，粉性，气微，味淡，无霉变和虫蛀	将芡实置于白底器皿中，肉眼观察其形状、色泽、有无虫蛀，鼻嗅气味
荸荠	具有同一品种或相似品种的基本特征和色泽，形状为扁球形或近球形，饱满圆整，芽群紧凑，无侧芽膨大，表皮为红褐色或深褐色，色泽一致，皮薄肉嫩，肉质洁白、新鲜、有光泽，无腐烂，无霉变，无异味，清甜多汁，清脆可口，入口无渣	将荸荠置于白底器皿中，形态、色泽、新鲜度、斑点等外部特征用目测法鉴定，病虫害剖开观察，风味用品尝法
慈姑	具有同一品种或相似品种的基本特征和色泽，球茎扁圆形，肉质较坚实，皮和肉均呈黄白色或青紫色，稍有苦味，无病虫害，无损伤，无黑心，无黑斑，无腐烂，无杂质，无霉变	将慈姑置于白底器皿中，形态、色泽、新鲜度、机械伤等外部特征用目测法鉴定，病虫害可剖开观察，鼻嗅气味

（续）

项目	要求	检验方法
茭白	具有同一品种或相似品种的基本特征和色泽，外观新鲜，茭壳表皮鲜嫩洁白，不变绿、变黄，茭形丰满，茭壳包紧，无损伤，中间膨大部分均匀，无病虫危害斑点，基部切口及肉质茎表面无锈斑，茭肉横切面洁白，有光泽，无脱水，无色差	将茭白置于白底器皿中，用目测法检测形态、新鲜度、病虫害、斑点等，用手握法检测肉茭硬实；虫害症状明显或症状不明显而又怀疑者，可剖开检验
豆瓣菜	具有同一品种或相似品种的基本特征和色泽，叶片呈碧绿色，植株大小基本均匀，脆嫩或较脆嫩，新鲜，清洁，无黄叶，无虫体，无虫排泄物，无虫卵，无糜烂，无异味	将豆瓣菜置于白底器皿上，肉眼观察其特征、色泽、新鲜度、机械伤、病虫害等，鼻嗅气味
莼菜	具有同一品种或相似品种的基本特征和色泽，呈茶黄色或绿色，具有莼菜特有的滋味，无异味，组织滑嫩，无粗纤维，无黑节、老梗、单梗及其他杂质，无黑斑，无腐烂，无杂质，无霉变	将莼菜平摊于白色底器皿上，肉眼观察其总体色泽、均匀度、形状、新鲜度、机械伤、病虫害等，鼻嗅气味
水芹	具有同一品种或相似品种的基本特征和色泽，茎梗光滑，茎叶柔嫩，下部呈青白色，为斜方形或菱形，大小整齐，不带老梗、黄叶和泥土，叶柄无锈斑和虫伤，色泽鲜绿或洁白，叶柄充实肥嫩，无腐烂，无杂质	将水芹平摊于白色底器皿上，肉眼观察其形态、色泽、新鲜度、机械伤、病虫害、杂质等，嗅其气味
蒲菜	具有同一品种或相似品种的基本特征和色泽，整体呈条索状，长短、粗细基本一致，呈乳白色或淡黄色，色泽均匀，具有蒲菜特有的清香味，无异味，无病斑，无腐烂，无杂质，无霉变，无病虫害，无机械损伤	将蒲菜置于白色底器皿上，肉眼观察其色泽、形态、新鲜度、杂质、机械伤、病虫害、斑点等，鼻嗅气味，品尝滋味
菱	具有同一品种或相似品种的基本特征和色泽，整体无腐烂，无霉变，无病虫害，无病斑，无异味，无机械损伤和硬伤	将菱置于白色底器皿上，肉眼观察其形态、色泽、新鲜度、机械伤、病虫害、斑点等，鼻嗅气味
莲子（鲜）	具有同一品种或相似品种的基本特征和色泽，颗粒卵圆，均匀一致，表皮粉红透白或微带乳黄色，色泽一致，有新鲜莲子固有的清香，无异味，无病斑，无腐烂，无杂质，无霉变，无病虫害	将新鲜的莲子置于白色底器皿上，肉眼观察其形态、色泽、新鲜度、机械伤、病虫害、斑点等，鼻嗅气味

4.4　农药残留限量

应符合食品安全国家标准、NY/T 393 及相关规定，同时符合表 2 中的规定。

表 2　农药残留限量

单位为毫克每千克

序号	项目	指标	检验方法
1	毒死蜱	≤0.01	GB 23200.121
2	氧乐果	≤0.01	GB 23200.121
3	三唑磷	≤0.01	GB 23200.121
4	阿维菌素	≤0.01	GB 23200.121
5	敌敌畏	≤0.01	GB 23200.121
6	啶虫脒	≤0.01	GB 23200.121
7	多菌灵	≤0.01	GB 23200.121
8	苯醚甲环唑	≤0.01	GB 23200.121
9	吡虫啉	≤0.01	GB 23200.121
10	辛硫磷	≤0.01	GB 23200.121
11	三唑酮	≤0.01	GB 23200.121
12	百菌清	≤0.01	NY/T 761
13	氯氰菊酯	≤0.01	GB 23200.113

4.5　其他要求

除上述要求外，还应符合 GB 2762 及附录 A 的规定。

4.6　净含量

按国家市场监督管理总局令 2023 年第 70 号的规定执行，检验方法按 JJF 1070 的规定执行。

5　检验规则

绿色食品申报检验应按照 4.3、4.4 以及附录 A 所确定的项目进行检验。其他要求应符合 NY/T 1055 的规定。农药残留检测取样部位应符合 GB 2763 的规定。本文件规定的农药残留限量检测方法，如有其他国家标准、行业标准以及部文公告的检测方法，且其检出限和定量限能满足限量值要求时，在检测时可采用。

6　标签

应符合 GB/T 32950 的规定。

7　包装、运输和储藏

7.1　包装

7.1.1　应符合 NY/T 658 的规定。

7.1.2　按产品的品种、规格分别包装，同一件包装内的产品应摆放整齐、紧密。

7.1.3　每批产品所用的包装、单位质量应一致。

7.2　运输和储藏

7.2.1　应符合 NY/T 1056 的规定。

7.2.2　运输前应根据品种、运输方式、路程等确定是否预冷。运输过程中应防冻、防雨淋、防晒，通风散热。

7.2.3　储藏时应按品种、规格分别储藏，库内堆码应保证气流均匀流通。

附　录　A

（规范性）

绿色食品水生蔬菜产品申报检验项目

　　表 A.1 规定了除本文件 4.3、4.4 所列项目外，依据食品安全国家标准和绿色食品水生蔬菜生产实际情况，绿色食品产品申报检验时还应检验的项目。

表 A.1　污染物和农药残留项目

单位为毫克每千克

序号	项目	指标	检验方法
1	铅（以 Pb 计）	≤0.1	GB 5009.12
2	总汞（以 Hg 计）	≤0.01	GB 5009.17
3	镉（以 Cd 计）	≤0.05	GB 5009.15
4	总砷（以 As 计）	≤0.5	GB 5009.11
5	铬（以 Cr 计）	≤0.5	GB 5009.123
6	乐果	≤0.01	GB 23200.121

附 录 B

（资料性）

水生蔬菜学名、英文名及俗名对照表

水生蔬菜学名、英文名及俗名对照见表 B.1。

表 B.1　水生蔬菜学名、英文名及俗名对照表

蔬菜名称	学名	英文名	俗名（别名）
芡实	*Euryale ferox* Salisb.	gordon euryale	鸡头米、鸡头、鸡头莲、鸡头苞、鸡头荷、刺莲藕、芡、水底黄蜂、卵菱
荸荠	*Eleocharis dulcis* （N. L. Burman） Trinius ex Henschel	Chinese water chestnut	田荠、田藕、马蹄、水栗、乌芋、菩荠、凫茈
慈姑	*Sagittaria sagittifolia* L.	Chinese arrowhead	茨菰、慈菰、华夏慈姑、燕尾草、剪刀草、白地栗、驴耳朵草
茭白	*Zizania latifolia* （Griseb.） Stapf	water bamboo	高瓜、菰笋、菰首、茭笋、高笋、茭瓜
豆瓣菜	*Nasturtium officinale* R. Br.	water cress	西洋菜、水田芥、凉菜、耐生菜、水芥、水薄菜、水生菜
莼菜	*Brasenia schreberi* J. F. Gmel.	water shield	水案板、蓴菜、马蹄菜、马蹄草、水荷叶、水葵、露葵、湖菜、名茆、凫葵
水芹	*Oenanthe javanica* （Bl.） DC.	water dropwort	水芹菜、野芹、菜刀芹、蕲、楚葵、蜀芹、紫堇
蒲菜	*Typha latifolia* L.	common cattail	香蒲、深蒲、蒲荔久、蒲笋、蒲芽、蒲白、蒲儿根、蒲儿菜、草芽
菱	*Trapa bispinosa* Roxb.	water caltrop	芰、芰实、菱实、薢茩、水菱、蕨攗、风菱、乌菱、菱角、水栗
莲子（鲜）	*Semen Nelumbinis*	lotus seed	白莲、莲实、莲米、莲肉

附录三　茭白储运技术规范（NY/T 3416—2019）

ICS 67.080.20
B 31

NY

中华人民共和国农业行业标准

NY/T 3416—2019

茭白储运技术规范

Technical specification of storage and transportation for water bamboo

2019-01-17 发布　　　　　　　　　　2019-09-01 实施

中华人民共和国农业农村部　发布

前　言

本标准按照 GB/T 1.1—2009 给出的规则起草。

本标准由农业农村部种植业管理司提出并归口。

本标准起草单位：浙江省农业科学院、金华市农产品质量综合监督检测中心。

本标准主要起草人：胡桂仙、赖爱萍、陈杭君、朱加虹、王强、张玉、吾建祥、赵首萍、刘笑宇、徐明飞。

茭白储运技术规范

1　范围

本标准规定了茭白的采收、质量要求、入库、预冷、储藏、包装、出库和运输等。

本标准适用于茭白的储藏与运输。

2　规范性引用文件

下列文件对于本文件的应用是必不可少的。凡是注日期的引用文件，仅注日期的版本适用于本文件。凡是不注日期的引用文件，其最新版本（包括所有的修改单）适用于本文件。

GB 2762　食品安全国家标准　食品中污染物限量

GB 2763　食品安全国家标准　食品中农药最大残留量

GB 4806.7　食品安全国家标准　食品接触用塑料材料及制品

GB/T 6543　运输包装用单瓦楞纸箱和双瓦楞纸箱

NY/T 1655　蔬菜包装标识通用准则

NY/T 1834　茭白等级规格

NY/T 2000　水果气调库储藏通则

3　采收

3.1　采收时间

茭白采收宜在晴天的清晨或阴天等气温较低时进行，避开高温时段。

3.2　采收成熟度

需储藏的茭白应根据品种特性，适时采收。最适采收期宜为 3 片外叶长齐，心叶短缩，孕茭部位显著膨大、叶鞘裂开前的时期。

3.3　采收方法

需储藏的茭白宜采收壳茭，在茭壳下部薹管节下 1 cm～2 cm 处将其割断，勿伤邻近的分蘖，留叶鞘 27 cm～40 cm，除去茭白叶。

4　质量要求

4.1　基本要求

用于储藏的茭白质量应符合 NY/T 1834 中特级和一级的规定。

4.2 污染物和药物残留

茭白污染物和药物残留量指标应分别符合 GB 2762 和 GB 2763 的规定。

5 入库

5.1 入库的准备

入库前 5 d 对库房进行消毒，消毒方法按照 NY/T 2000 的规定执行。入库前对制冷设备检修并调试正常，库房温度应预先 1 d～3 d 降至−1℃～0℃。

5.2 入库码放

茭白摆放宜为"井"字形，堆垛与库壁间隙宜大于 10 cm，每立方米有效库容量的储藏不宜超过 200 kg，未经预冷的茭白日入库量应不超过库容量的 30％。储存用茭白应为整修好的壳茭，按照不同品种、产地、等级、时间分别垛码，并悬挂垛牌。

6 预冷

茭白采收后宜在 2 h～6 h 内运送到预冷库进行预冷，使茭白中心温度接近储藏温度，一般茭白品种的预冷温度为（0±1）℃，预冷时间为 24 h～36 h。

7 储藏

7.1 温度

储藏温度宜为 0℃～1℃。库房温度要定时测量，其数值以不同测温点的平均值表示。一般每个库房应选择 3 个～5 个有代表性的测温点，测温仪误差不超过 1℃。储藏期间应防止库房内温度的急剧变化，波动幅度不超过±1℃。

7.2 湿度

空气相对湿度宜为 85％～90％。库房湿度的测点选择与测温点一致，库内相对湿度达不到要求时，可用加湿器或人工方法进行补湿。

7.3 储藏管理

库房应实行专人管理，定期对库内温度、湿度等重要参数及注意事项做出记录，建立档案。定期抽查，如发现微生物侵染或病虫害感染的茭白，需及时从库内清除。

7.4 储藏期限

夏季茭白的储藏时间在 45 d 内为宜，秋季茭白的储藏时间在 60 d 内为宜。

8 包装

8.1 包装材料

包装材料应符合食品卫生要求，清洁卫生、无毒、无污染，适宜搬运、运输。外包装可采用纸箱，质量应符合 GB/T 6543 的要求，无虫蛀、腐烂、受潮等现象；内包装应采用茭白保鲜袋，以 0.03 mm～0.05 mm 的低密度聚乙烯包装袋为宜，同时符合 GB 4806.7 的要求。

8.2　包装方式

先将包装袋平铺在外包装箱内，将预冷后的茭白整齐地放入低密度聚乙烯包装袋内，包装方式宜采用水平排列方式，不可硬塞，不可挤压，每个包装单位净含量以 10 kg～15 kg 为宜。同时，包装应具有明确的包装标识，符合 NY/T 1655 的规定，注明产品名称、产地、生产日期及储存条件等信息。

9　出库

出库时，应将脱水、腐烂、有明显异味及其他不符合上市要求的茭白剔除。出库后，应轻搬、轻放，避免造成茭白机械损伤。

10　运输

运输宜采用冷藏车、保温车或附带保温箱的运输设备，车辆运输前应进行清洁，车内温度宜为0℃～5℃。装车时，包装与包装之间要摆实、绑紧，层间宜加上减震材料，轻装、轻卸，防止因震动或挤压引起的损伤，运输时间在 48 h 内为宜。

附录四　茭白种质资源收集、保存与评价技术规程
（NY/T 4206—2022）

ICS 65.020.01
CCS B 04

中华人民共和国农业行业标准

NY/T 4206—2022

茭白种质资源收集、保存与
评价技术规程

Technical code of practice for water bamboo germplasm resources collection,
preservation and evaluation

2022-11-11 发布　　　　　　　　2023-03-01 实施

中华人民共和国农业农村部　发布

前 言

本文件按照 GB/T 1.1—2020《标准化工作导则 第 1 部分：标准化文件的结构和起草规则》的规定起草。

请注意本文件的某些内容可能涉及专利。本文件的发布机构不承担识别专利的责任。

本文件由农业农村部种业管理司提出。

本文件由全国农作物种子标准化技术委员会（SAC/TC 37）归口。

本文件起草单位：金华市农业科学研究院、武汉市农业科学院、浙江省特色水生蔬菜育种与栽培重点实验室、金华市农学会、浙江省农业技术推广中心、桐乡市农业技术推广中心、温宿县农业检验检测中心。

本文件主要起草人：张尚法、郑寨生、钟兰、杨新琴、周小军、杨梦飞、李怡鹏、孙亚林、马常念、王凌云、曹春信、吾建祥、刘正位、陈银根、施德云、韩叶青、夏秋。

茭白种质资源收集、保存与评价技术规程

1 范围

本文件规定了茭白［*Zizania latifolia*（Griseb.）Turcz. ex Stapf.］种质资源收集、保存与评价的术语和定义，种质资源收集、保存与评价的技术要求和方法。

本文件适用于茭白种质资源的收集、保存与评价。

2 规范性引用文件

下列文件中的内容通过文中的规范性引用而构成本文件必不可少的条款。其中，注日期的引用文件，仅该日期对应的版本适用于本文件；不注日期的引用文件，其最新版本（包括所有的修改单）适用于本文件。

GB/T 2260　中华人民共和国行政区划代码

GB/T 2659　世界各国和地区名称代码

NY/T 2337—2013　熟黄（红）麻木质素测定　硫酸法

NY/T 2723—2015　茭白生产技术规程

NY/T 2941　茭白种质资源描述规范

3 术语和定义

下列术语和定义适用于本文件。

3.1

茭白　water bamboo

禾本科（Gramineae）菰属（*Zizania*）植物中的一个种，多年生水生草本植物，学名 *Zizania latifolia*（Griseb.）Turcz. ex Stapf.。茭白植株被菰黑粉菌（*Ustilago esculenta* P. Hen）寄生后，菰黑粉菌自身分泌并刺激茭白植株分泌生长激素，刺激茭白茎尖组织充实的数节膨大形成变态器官（肉质茎）。肉质茎为茭白的主要食用器官。

3.2

茭白种质资源　water bamboo germplasm resources

茭白野生资源、地方品种、育成品种、品系、遗传材料和其他。

3.3

单季茭白　single-cropping water bamboo

正常情况下，只在秋季形成膨大肉质茎的茭白品种类型。

3.4

双季茭白　double-cropping water bamboo

在秋季和翌年春夏季均能形成膨大肉质茎的茭白品种类型。

3.5

野生茭白　wild water bamboo

除栽培种外的所有茭白种群。其中，能形成膨大肉质茎的植株称为野生茭笋；植株开花结籽、不能形成膨大肉质茎的植株称为野生茭草。

3.6

非正常茭白　abnormal water bamboo

正常栽培条件下，不能形成肉质茎的雄茭植株或肉质茎内充满冬孢子堆的灰茭植株。

3.7

正常茭白　normal water bamboo

肉质茎内无明显冬孢子堆，具有食用价值的茭白植株。

3.8

茭白种质资源基本信息　basic information of water bamboo germplasm resources

茭白种质资源基本情况描述信息，包括全国统一编号、种质名称、学名、原产地、种质类型等。

3.9

保存池　planting bed

种质资源保存圃中，每份种质资源保存所需的最小单位，面积 6 m²。池底水泥硬化或铺设0.3 mm～0.5 mm 土工膜，填土深度应不少于 25 cm。

3.10

保存圃种植小区　conservation nursery

由一个或若干个排灌方便的保存池组成。

3.11

品质特性　quality characteristics

茭白种质资源的商品品质、感官品质和营养品质性状。商品品质性状主要包括壳茭饱满度、壳茭颜色、净茭长度、净茭粗度、净茭表皮光滑度、净茭皮色、冬孢子堆；感官品质性状主要包括肉质茎致密度、风味；营养品质性状主要包括干物质、粗纤维、木质素、可溶性糖、维生素 C、粗蛋白、氨基酸。

3.12

抗病虫性   disease and pest resistance

茭白种质资源对各种生物胁迫的适应或抵抗能力，包括茭白对锈病、胡麻叶斑病、纹枯病、二化螟的抗性。

4 考察收集

4.1 准备工作

4.1.1 资料收集

收集国内外有关茭白种质资源的特点、分布及栽培情况。

4.1.2 确定考察地点

宜优先考察以下 5 类地区：
a) 茭白主要栽培及分布中心；
b) 茭白最大多样性中心；
c) 尚未进行考察的地区；
d) 茭白种质资源损失威胁最大的地区；
e) 具有珍稀、濒危茭白种质资源的地区。

4.1.3 确定考察时间

根据茭白产品器官成熟期确定，其中双季茭白 4 月—7 月或 9 月—12 月；单季茭白 8 月—10 月；野生茭草 8 月—11 月。

4.1.4 组建考察队

考察队宜由茭白育种、栽培、植物保护等专业技术人员组成，明确考察目的和任务，开展考察方法、采集技术、注意事项技术培训。必要时，可邀请考察地科技或行政管理人员参加。

4.1.5 物资准备

a) 样本采集和测量记录的用品，包括照相机、全球定位仪、海拔高度测量仪、钢卷尺、塑料标签、铅笔、原始记录卡、镰刀、小铁铲、水田袜、塑料袋、牛皮纸袋；
b) 生活用品，包括必要的生活用品和常用药品；
c) 其他用品，包括身份证、日记本、种质资源相关资料。

4.2 生境信息

调查记载考察地茭白种质资源情况，包括地理位置，水、土壤、气候信息，栽培与分布情况。

4.3 采集样本

4.3.1 地点选择

栽培品种田间取样，野生种质资源自然生境取样。

4.3.2　采集

a)　选育品种，应选择具有该品种主要特征特性的正常茭白植株，不包括非正常茭白植株；

b)　地方品种，根据植株高度、叶鞘和叶颈颜色、肉质茎形状的不同特征，找出混合群体中有差异的个体，在同一地点收集典型形态和所有的极端形态，不包括非正常茭白植株；

c)　野生茭笋种质资源，根据植株高度、叶鞘和叶颈颜色、肉质茎形状的不同特征，找出混合群体中有差异的个体，在同一地点收集典型形态和所有的极端形态，不包括非正常茭白植株；

d)　野生茭草，根据植株高度、叶鞘和叶颈颜色、成熟期、花药颜色、外稃颜色、成熟种子的形状和颜色的不同特征，找出混合群体中有差异的个体；

e)　采集正常茭白的种质资源，从肉质茎基部至土壤下部2 cm处截取直立茎，每份种质资源采集直立茎3条～5条，带有根系，装入塑料袋保湿保存；

f)　采集野茭草种质资源，应从土壤下10 cm处割断，采集带有根系的长度为20 cm～30 cm的直立茎3条～5条，装入塑料袋保湿保存；采集成熟饱满的种子50粒～100粒，装入牛皮纸袋保存；

g)　样本、采集点拍照和录像，重点拍摄采集样本的典型特征、采集点茭白种质资源群体及周边生态环境。

4.4　样本获得

4.4.1　获得途径

a)　相关单位或个人送交茭白种质资源；

b)　野外收集茭白种质资源；

c)　国外引进茭白种质资源。

4.4.2　种质资源形式

包括直立茎、种子。

4.4.3　接收种质资源时应获取的基本信息

包括茭白种质资源名称，原产地，地理信息，原保存圃编号，采集号或引种号，提供者，种质资源类型、数量和状态。

4.4.4　样本挂牌

采集和接收的样本，应及时挂上标签，并在标签上用铅笔填写采集号、采集时间、地点、种质资源名称。采集号包括4位年份＋2位省份代码＋4位顺序号。国别或省份代码，按照GB/T 2260、GB/T 2659的规定执行。

4.5 命名

4.5.1 选育品种

对已有法定名称的品种，引用法定名称。

4.5.2 地方品种和野生资源

a) 有名称的种质资源，宜直接引用地方品种名称；

b) 无名称的种质资源，宜采用"地名（县）＋某一特征＋作物名称"命名；

c) 野生资源，宜采用"群居地地名（乡、村、湖等）＋野生茭笋/野生茭草"命名；

d) 同一地区有 2 份及以上种质资源，宜在种质资源名称后加"-1""-2"等区分。

4.6 填写原始记录卡

按照附录 A 的规定执行。

4.7 样本临时保管

4.7.1 直立茎

带根采集，装入塑料袋内保存，湿度≥70％、温度 5 ℃～20 ℃。

4.7.2 种子

采集成熟的种子，宜放入牛皮纸袋遮光保湿保存，湿度 70％～90％、温度 5 ℃～20 ℃。

4.7.3 特殊处理

考察时间过长或种质资源数量过多，宜用泡沫箱保湿包装后快递寄送到种质资源接收单位。

4.8 样本初步整理

4.8.1 核对采集号

考察收集后，初步整理采集的种质资源样本，核对每份样本采集号与茭白种质资源考察收集原始记录卡是否一致，列出清单。

4.8.2 整理信息与数据

整理茭白种质资源考察收集原始记录卡中各种信息和资料，统计各项数据。

5 保存

5.1 隔离检疫

按照《中华人民共和国进口植物检疫对象名单》和国内各种检疫对象名单，应对接收的茭白种质资源进行严格的隔离检疫，发现有检疫对象应立即销

毁。经检疫合格或从国内非疫区收集的茭白种质资源，可直接进入种质资源保
存圃，进行种植观察。

5.2　种植观察

按照 NY/T 2941 的规定执行。种植观察茭白种质资源的植物学特征、生
物学特性、产量性状、品质性状与抗性，剔除与保存圃内重复或没有保存价值
的种质资源。

5.3　编目

按照 NY/T 2491 的规定，符合入圃保存的茭白种质资源，由国家种质武
汉水生蔬菜种质资源圃赋予每一份种质资源一个"全国统一编号"，由
"V11B"加 4 位顺序号组成。

5.4　入圃保存

5.4.1　圃位号编制

每份种质资源所需种植池面积 6 m²。入圃保存的每份茭白种质资源，按
保存圃总体布局，确定圃位号，并标注于保存圃平面图上。

5.4.2　种植分布

入圃保存的每份茭白种质资源，宜以品种类型为基础，分为单季茭白、双
季茭白、野生茭草 3 个种植区。每个小区，宜根据采收期，分为早熟、中熟、
晚熟种植小区，并绘制种质资源种植分布图。

5.4.3　种植田块选择

茭白种质资源种植环境，按照 NY/T 2723—2015 的规定执行。土壤有机
质含量 2%～3%，pH 5～7，种植田块地势平整，水源丰富，排灌方便。

5.4.4　定植前田块准备

按茭白大田常规管理。

5.4.5　定植密度

行距 1 m，穴距 0.5 m，每个保存池定植 8 穴茭白。单季茭白，每穴宜定
植同一节位萌发的种苗 3 株，双季茭白和野生茭草，每丛定植 1 株。

5.4.6　种植与挂牌

a) 单季茭白和野生茭草种质资源，宜在室外气温回升到 12 ℃以上时定植；

b) 双季茭白种质资源宜于 6 月下旬至 7 月中旬定植；

c) 每份种质资源应挂牌，标注种质资源名称、圃位号；

d) 整个生长周期应露天种植。

5.5　管理与监测

5.5.1　种植后管理

a) 种质资源种植后，发现长势弱、缺株死苗情况，应及时更新或补种。

同时，每份种质资源应在备用种植池定植 2 穴备用。

b) 定植后肥水及病虫草害管理，按当地茭白大田常规管理。

c) 每隔 3 年，宜取未发生严重病害、长势健壮的水稻土更换保存池土壤。

5.5.2 种植后监测

应定期监测每份茭白种质资源的存活株数、植株生长势、病害、虫害、水分、自然灾害。

5.6 繁殖

5.6.1 繁殖田准备

繁殖田按当地茭白种苗繁殖常规技术整理、作畦。

5.6.2 种墩选择

采收进度达到 30% 左右选择种墩，做好记号。入选种墩应符合优良品种或种质资源的主要特征特性，剔除同墩其他分蘖已经产生非正常茭白变异的种墩。

5.6.3 直立茎采集

茭白采收 5 d~7 d 后，从土壤以下 0 cm~2 cm 处割断直立茎。

5.6.4 直立茎排管

a) 直立茎平铺前，畦沟水位比畦面低 3 cm~5 cm；

b) 剥除叶鞘，直立茎平铺至畦面，腋芽分布两侧，直立茎首尾相接、间距 5 cm~10 cm；

c) 直立茎上表面与畦面齐平，5 d 内畦面湿润但不积水。

5.6.5 种苗田间管理

a) 腋芽长度达到 3 cm~5 cm 时，灌水，畦面保持 1 cm~2 cm 浅水。

b) 苗高 10 cm 以上，宜覆盖 1 cm~2 cm 细土，畦面湿润但不积水。

c) 冬季气温下降到 -5 ℃ 前，覆盖土壤厚度 3 cm~5cm；冬季气温下降到 -10 ℃，覆盖土壤厚度 5 cm~10 cm；冬季气温低于 20 ℃ 的区域，应在地上部分枯黄后，在结冰前灌溉 100 cm 深水或者覆盖 20 cm 细土。

d) 单季茭白和野生茭草，春季日平均气温回升到 12 ℃ 以上分株定植。

e) 双季茭白，6月底至7月中旬割叶、分株定植。

f) 繁殖田肥水及病虫草害管理，按当地茭白种苗常规繁殖技术管理。

5.7 分发

5.7.1 分发原则

单位和个人申请分发种质资源时，按照《农作物种质资源管理办法》等国家法律法规的相关规定执行。

5.7.2 分发数量

每份茭白种质资源，一般每次提供种苗 3 株～5 株。

5.7.3 分发程序

凡国内申请者获取茭白种质资源的用途符合《农作物种质资源管理办法》规定，均可通过网站查询茭白种质资源供种分发目录，向保存该茭白种质资源的保存圃提出利用申请，填写和提交种质资源利用申请书。保存圃在收到申请书后应及时向利用者提供种质资源（需扩繁的种质资源，供种时间由双方商定）；无法提供种质资源时应及时做出答复。向境外提供种质资源，应严格按照《农作物种质资源管理办法》的规定执行，任何单位和个人索取茭白种质资源向境外提供，应持有农业农村部审批文件。

6 评价

6.1 样本筛选原则

6.1.1 地域性，凡是有茭白种植的省份均有种质资源入选。

6.1.2 同一地区相同或相近性状的种质资源只选择 1 份。

6.1.3 非正常茭白种质资源，暂不评价。

6.2 评价内容与方法

6.2.1 评价内容

茭白种质资源的植物学特征、生物学特性、产量性状、品质性状与抗性。

6.2.2 评价方法

a) 表 1 所列项目的评价方法见附录 B，按照 NY/T 2941 的规定执行。

表 1 茭白种质资源评价项目

性状	评价项目
植物学特征	株型、株高、地上茎长度、叶鞘长度、叶鞘颜色、叶片长度、叶片宽度、叶颈颜色、外稃长、芒长、花药颜色、外稃颜色、总花序长、花序主分枝数、种子形状、种子颜色、种子长度、种子直径
生物学特性	萌芽期、定植期、分蘖始期、孕茭期、初花期、盛花期、种子成熟期、采收始期、采收末期、休眠期
产量性状	总分蘖数、有效分蘖数、游茭数量、壳茭质量、肉质茎质量、种子千粒重
品质性状	壳茭饱满度、壳茭颜色、壳茭形状、壳茭颜色、肉质茎形状、肉质茎长度、肉质茎粗度、肉质茎表皮光滑度、肉质茎皮色、冬孢子堆；肉质茎质地；干物质含量、粗纤维含量、可溶性糖含量、维生素 C 含量、粗蛋白含量、氨基酸含量
抗病虫性	胡麻叶斑病、锈病、纹枯病、二化螟抗性

b) 双季茭白秋季肉质茎耐冷性评价。秋季气温下降到 5 ℃，根据肉质茎水渍状冷害情况，分为：

    1) 强：肉质茎表皮光滑，顶部无水渍状伤害；

    2) 中：肉质茎表皮严重皱缩，仅顶部 1 节有水渍状伤害；

    3) 弱：肉质茎表皮严重皱缩，顶部 2 节有水渍状伤害。

c) 木质素含量评价，按照 NY/T 2337—2013 的规定执行。

6.2.3 数据汇总

a) 每份种质资源的原始数据，应及时汇总，录入评价结果汇总表中，每份种质资源占一横格；

b) 复核原始记载表；

c) 有异议的数据应查明原因，必要时列入下年度或下批次复评；

d) 多年评价数据取正常年份平均值，剔除不正常年份的数据；

e) 评价数据录入茭白种质资源数据采集表，每份种质资源应建立纸质和电子档案。

6.2.4 数据统计分析

a) 统计分析评价数据，发掘优异种质资源，为进一步研究和利用提供科学依据；

b) 形成种质资源评价报告。

附　录　A
（规范性）
茭白种质资源考察收集原始记录卡

茭白种质资源考察收集原始记录卡见表 A.1。

表 A.1　茭白种质资源考察收集原始记录卡

共性信息		
采集号		采集日期
作物名称		种质名称
种质类型	1. 野生资源　2. 地方品种　3. 育成品种　4. 品系　5. 遗传材料　6. 其他	
品种类型	1. 单季茭白　2. 双季茭白　3. 野生茭草	
种质来源	1. 当地　2. 外地（　　　　　　　　）　3. 外国（　　　　　　　　）	
采集场所	1. 农田　2. 池塘　3. 湖区　4. 旷野　5. 科研单位　6. 田边　7. 其他	
栽培者		照片编号
采集种茎数量	个	采集种子数量　　　　　　　　粒
采集地点	省　　　市　　　县　　　乡　　　村　　　组	
采集地	纬度　　°　　′，经度　　°　　′，海拔　　　　m	
土壤类型	1. 沙土　　2. 壤土　　3. 黏土　　4. 淤泥　　5. 有机质丰富	
土壤 pH		年均气温　　　　年降水量
年平均日照		最低气温　　　　最高气温
采集者		采集单位
特定信息		
种质分布	1. 广泛　2. 稀少　3. 其他　　种质群落	1. 群生　2. 散生
栽培方式	1. 农田　2. 池塘　3. 湖区　4. 湿地　5. 其他	
栽培实践	1. 萌芽期＿＿＿＿　2. 定植期＿＿＿＿＿　3. 采收期＿＿＿＿　4. 其他＿＿＿＿	
地　形	1. 沼泽地　2. 平原　3. 丘陵　4. 山区　5. 其他	
地　势	1. 平地　2. 山顶　3. 斜坡　4. 低注　5. 其他	
水　位	1. 深水　2. 浅水　3. 其他	
主要特征特性		

（续）

植物学特征	株型、株高、地上茎长度、叶鞘长度、叶鞘颜色、叶片长度、叶片宽度、叶颈颜色、外稃长、芒长、花药颜色、外稃颜色、总花序长、花序主分枝数、种子形状、种子颜色、种子长度、种子直径
生物学特性	萌芽期、定植期、分蘖始期、孕茭期、初花期、盛花期、种子成熟期、采收始期、采收末期、休眠期
产量性状	总分蘖数、有效分蘖数、壳茭形状、壳茭颜色、壳茭质量、肉质茎形状、肉质茎质量、种子千粒重
品质性状	壳茭饱满度、壳茭颜色、肉质茎长度、肉质茎粗度、肉质茎表皮光滑度、肉质茎皮色、冬孢子堆、肉质茎质地
抗病虫性	胡麻叶斑病、锈病、纹枯病、二化螟抗性
抗逆性	耐旱性、耐寒性、耐高温性

附　录　B

（资料性）

茭白种质资源评价方法

B.1　株型

茭白成熟植株的茎叶着生状态，分为直立型、开张型、匍匐型。

B.2　株高

自然状态下，茭白成熟植株的根颈至叶片最高点之间的垂直距离，见图 B.1，单位为厘米（cm）。

B.3　直立茎长度

单个茭白株丛中最长的地上茎长度（不包括膨大的肉质茎部分），单位为厘米（cm）。

B.4　叶片长度

茭白分蘖自上而下第 4 片叶的长度，见图 B.1，单位为厘米（cm）。

B.5　叶片宽度

茭白分蘖自上而下第 4 片叶的最大宽度，见图 B.1，单位为厘米（cm）。

B.6　叶鞘长度

茭白分蘖自上而下第 4 片叶的叶鞘长度，见图 B.1，单位为厘米（cm）。

B.7　叶鞘颜色

成熟期茭白植株叶鞘的颜色，分为绿色、浅红色。

B.8　叶颈颜色

成熟期茭白植株叶颈的颜色，分为绿白色、浅红色、红色。

B.9　壳茭颜色

壳茭的颜色，分为绿色、浅红色。

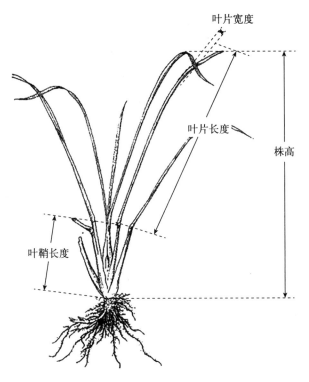

图 B.1　茭白株高、叶片长度、叶片宽度、叶鞘长度

B.10　净茭形状

茭白肉质茎形状，见图 B.2，分为纺锤形、竹笋形、蜡台形、长条形。

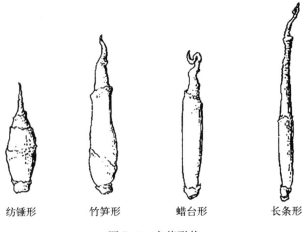

纺锤形　　　竹笋形　　　蜡台形　　　长条形

图 B.2　净茭形状

B.11　净茭长度

茭白肉质茎长度，见图 B.3，单位为厘米（cm）。

B.12　净茭粗度

茭白肉质茎最大直径的数值，见图 B.3，单位为厘米（cm）。

B.13　花药颜色

菰雄花开放当天的花药颜色，分为黄色、浅红色。

B.14　外稃颜色

菰抽穗当天的外稃颜色，分为绿色、浅红色、红色。

B.15　总花梗长

菰盛花期的总花梗长，单位为厘米（cm）。

B.16　花序长

菰盛花期的花序长，单位为厘米（cm）。

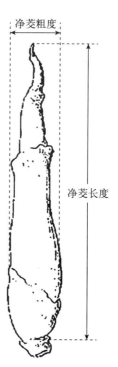

图 B.3　净茭长度和粗度

B.17　花序主分枝数

从菰穗轴上直接抽生的分枝数，见图 B.4，单位为个/花序。

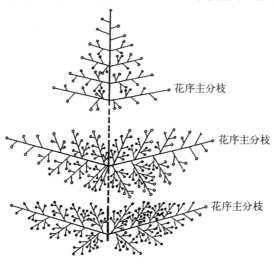

图 B.4　菰花序结构

B.18 外稃长

茭雌花外稃的长度，见图 B.5，单位为毫米（mm）。

B.19 芒长

茭雌花外稃的脉所延长形成的针状物的长度，见图 B.5，单位为毫米（mm）。

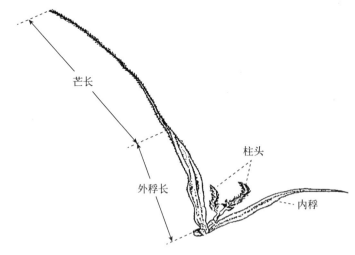

图 B.5 茭雌花基本结构

B.20 种皮颜色

茭成熟种子的种皮颜色，分为浅褐色、深褐色。

B.21 种子形状

茭成熟种子的形状，分为长椭圆形、椭圆形。

B.22 种子长度

茭成熟种子的长度，单位为毫米（mm）。

B.23 种子直径

茭成熟种子的最大直径，单位为毫米（mm）。

B.24 种子千粒重

1 000 粒新鲜成熟茭种子的质量，单位为克（g）。

B.25　萌芽期

30%越冬茭白种墩萌芽的日期，用"年月日"表示，格式为"YYYYM-MDD"。

B.26　定植期

茭白苗定植的日期，用"年月日"表示，格式为"YYYYMMDD"。

B.27　分蘖始期

30%茭墩发生分蘖的日期，用"年月日"表示，格式为"YYYYMM-DD"。

B.28　采收始期

10%茭墩第一个茭白开始采收的日期，用"年月日"表示，格式为"YYYYMMDD"。

B.29　采收末期

10%茭墩最后一批茭白采收的日期，用"年月日"表示，格式为"YYYYMMDD"。

B.30　冬季休眠期

50%以上茭墩叶片开始枯黄的日期，用"年月日"表示，格式为"YYYYMMDD"。

B.31　单个壳茭质量

茭白采收盛期，单个茭白壳茭的质量，单位为克（g）。

B.32　单个净茭质量

茭白采收盛期，单个茭白净茭的质量，单位为克（g）。

B.33　壳茭产量

单位面积壳茭的产量，单位为千克每公顷（kg/hm²）。

B.34　有效分蘖数

单个茭墩上能形成茭白的分蘖个数，单位为个/墩。

B.35 分蘖总数

单个茭墩上形成的分蘖总个数，单位为个/株。

B.36 单株游茭数

单个茭墩产生的游茭丛数，见图 B.6，单位为丛。

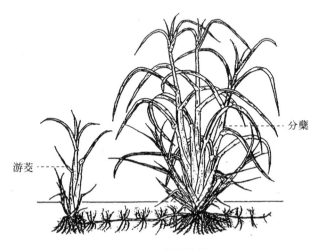

分蘖

游茭

图 B.6 茭白游茭

B.37 净茭皮色

肉质茎表皮颜色，分为白色、黄白色、浅绿色、绿色。

B.38 净茭表皮光滑度

肉质茎表皮光滑程度，见图 B.7，分为光滑、微皱、皱。

B.39 肉质茎质地

茭白肉质茎质地，分为致密、较致密、疏松。

B.40 冬孢子堆

适期采收的茭白肉质茎中冬孢子堆形成状况，分为无、菌丝团、冬孢子堆。

B.41 干物质含量

新鲜茭白肉质茎的干物质含量，用百分号（%）表示。

B.42　可溶性糖含量

新鲜茭白肉质茎的可溶性糖含量，用百分号（％）表示。

B.43　维生素C含量

新鲜茭白肉质茎的维生素C含量，单位为毫克每百克（mg/100 g）。

B.44　粗蛋白质含量

新鲜茭白肉质茎的粗蛋白质含量，用百分号（％）表示。

B.45　粗纤维含量

新鲜茭白肉质茎的粗纤维含量，用百分号（％）表示。

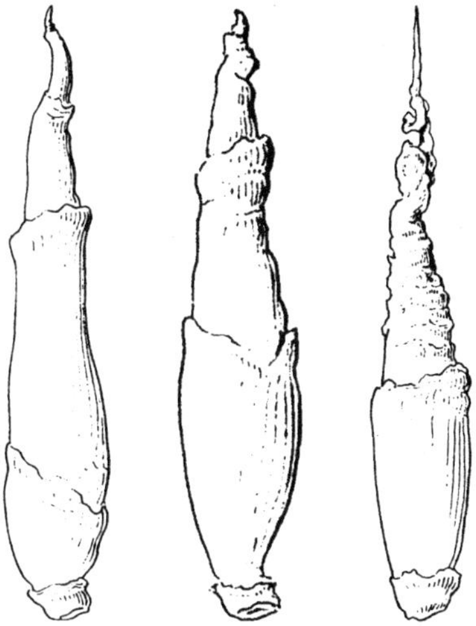

光滑　　　　微皱　　　　皱

图 B.7　净茭表皮光滑度

B.46　锈病抗性

茭白植株对锈病（*Uromyces coronatus* Miyable et Nishida）的抗性强弱，分为5级，1（高抗）、2（抗）、3（中抗）、4（感）、5（高感）。

B.47　胡麻叶斑病抗性

茭白植株对胡麻叶斑病（*Bipolaris zizaniae*）的抗性强弱，分为5级，1（高抗）、2（抗）、3（中抗）、4（感）、5（高感）。

附录五　茭白生产全程质量控制技术规范
（NY/T 4327—2023）

ICS 65.020.20
CCS B 31

中华人民共和国农业行业标准

NY/T 4327—2023

茭白生产全程质量控制技术规范

Technical specification for quality control of water bamboo during
whole process of production

2023-04-11 发布　　　　　　　　　　　2023-08-01 实施

中华人民共和国农业农村部　发布

前　言

本文件按照 GB/T 1.1—2020《标准化工作导则　第 1 部分：标准化文件的结构和起草规则》的规定起草。

请注意本文件的某些内容可能涉及专利。本文件的发布机构不承担识别专利的责任。

本文件由农业农村部农产品质量安全监管司提出。

本文件由农业农村部农产品质量安全中心归口。

本文件起草单位：中国农业科学院农业质量标准与检测技术研究所、浙江省农业科学院、金华市农业科学研究院、台州市黄岩区农业技术推广中心、衢江区农业农村局。

本文件主要起草人：胡桂仙、钱永忠、赖爱萍、张尚法、翁瑞、金芬、王祥云、李雪、何杰、毛聪妍、林燕清、杨梦飞。

茭白生产全程质量控制技术规范

1 范围

本文件规定了茭白生产的组织管理、文件管理、技术要求、产品质量管理、记录及内部自查等全程质量控制的要求，描述了对应的证实方法。

本文件适用于农产品生产企业、农民专业合作社、农业社会化服务组织等规模生产主体，指导茭白生产与管理。

2 规范性引用文件

下列文件中的内容通过文中的规范性引用而构成本文件必不可少的条款。其中，注日期的引用文件，仅该日期对应的版本适用于本文件；不注日期的引用文件，其最新版本（包括所有的修改单）适用于本文件。

GB 2762 食品安全国家标准 食品中污染物限量

GB 2763 食品安全国家标准 食品中农药最大残留限量

GB 3095 环境空气质量标准

GB 4806.7 食品安全国家标准 食品接触用塑料材料及制品

GB 5084 农田灌溉水质标准

GB/T 6544 瓦楞纸板

GB 15618 土壤环境质量 农用地土壤污染风险管控标准（试行）

GB/T 25413 农田地膜残留量限值及测定

GB/T 30768 食品包装用纸与塑料复合膜、袋

NY/T 496 肥料合理使用准则 通则

NY/T 1276 农药安全使用规范 总则

NY/T 1834 茭白等级规格

NY/T 2103 蔬菜抽样技术规范

NY/T 3416 茭白储运技术规范

NY/T 3441 蔬菜废弃物高温堆肥无害化处理技术规程

3 术语和定义

本文件没有需要界定的术语和定义。

4　组织管理

4.1　组织机构

4.1.1　应建立生产企业、专业合作社、社会化服务组织等生产主体，并进行法人登记。

4.1.2　应建立相应的生产、销售、质量管理等组织部门，明确岗位职责。

4.2　人员管理

4.2.1　根据需要配备必要的技术人员、生产人员和质量管理人员。

4.2.2　人员应进行基本的公共卫生安全和生产技术知识更新培训，并保存培训记录。

4.2.3　从事关键生产岗位的人员（如植保、施肥等技术岗位）应具备相应的专业知识，经专门培训后上岗。每个生产区域至少配备1名受过应急培训，并具有应急处理能力的人员。

4.2.4　应为从事特种工作的人员（如施用农药等）提供完备的防护装备（包括胶靴、防护服、橡胶手套、面罩等）。

5　文件管理

根据生产实际编制适用的制度和规程等文件，并在相应功能区上墙明示。文件内容包括但不限于：

    a)　制度规定应包括农业投入品管理制度、产品质量管理制度、农产品生产记录制度、仓库管理制度、员工管理制度等；

    b)　操作程序应包括人员培训程序、卫生管理程序、农业投入品使用程序、废弃物处理程序等；

    c)　作业指导书应包括育苗、定植、肥水管理、有害生物防治、采收、储藏、运输等生产过程。

6　技术要求

6.1　基地环境与基础设施

6.1.1　基地环境

6.1.1.1　环境选择原则

生产基地应选择水源丰富、保水性好的田块，远离污染源。灌溉用水水质应符合 GB 5084 中水田作物的要求，土壤污染风险管控应按照 GB 15618 的规定执行，空气质量应符合 GB 3095 的要求。

6.1.1.2 环境条件评价

种植前应从以下几个方面对基地环境进行调查和评估,并保存相关的检测和评价记录。

a) 基地的历史使用情况以及化学农药、重金属等残留情况;

b) 周围农用、民用和工业用水的排污和溢流情况以及土壤的侵蚀情况;

c) 周围农业生产中农药等化学物品使用情况,包括化学物品的种类及其操作方法对茭白质量安全的影响。

6.1.2 基础设施

6.1.2.1 根据经营规模,划分作业区,规划基地排灌系统,应分别建设存放农业投入品和茭白产品的专用仓库。建设产品分级、包装、储藏、盥洗室和废弃物存放区等专用场所,并配备相应设施设备。有关区域应设置醒目的平面图、标志、标识等。

6.1.2.2 根据环境条件和栽培方式,配备相应的生产设施。塑料大棚的建造以实用牢固为原则,可选竹木结构或钢架结构。

6.2 农业投入品管理

6.2.1 采购

应购买符合法律法规、获得国家登记许可的农药、肥料等农业投入品,查验产品批号、标签标识是否符合规定,购买时应进行实名登记,索取票据并妥善保存。

6.2.2 运输储存

6.2.2.1 农业投入品从供应商到生产基地的运输过程需按相关要求放置,农药、肥料等化学投入品应与其他物品隔离分开,防止交叉污染。

6.2.2.2 建立和保存农业投入品库存目录。农业投入品按照农药、肥料、器械等进行分类,不同类型农业投入品应根据产品储存要求单独隔离存放,防止交叉污染。

6.2.2.3 储存仓库应符合防火、卫生、防腐、避光、温湿度适宜、通风等安全条件,配有急救药箱,出入处贴有警示标志。

6.2.2.4 农业投入品应有专人管理,并有入库、出库、领用以及使用地点记录。

6.2.3 使用

6.2.3.1 遵守投入品使用要求,选择合适的施用器械,在农技人员的指导下,适时、适量、科学合理使用农业投入品。

6.2.3.2 建立和保存农药、肥料及施用器械的使用记录。内容包括基地名称、农药或肥料名称、农药的防治对象、安全间隔期、生产厂家、有效成分含量、施用量、施用方法、施用器械、施用时间以及施用人等。

6.2.3.3 设有农药肥料配制专用区域，并有相应的设施。配制区域应远离水源、居所、畜牧场、水产养殖场等。对过期的投入品做好标记，回收隔离，并安全处置。

6.2.3.4 施药器械每年至少检修一次，保持良好状态。使用完毕，器械及时清洗干净，废液和包装分类回收。

6.3　栽培管理

6.3.1　种苗繁育

6.3.1.1　种墩选择

应选择符合品种特征特性、孕茭率高、整齐度好、结茭部位低、肉质茎饱满白嫩、无病虫危害、无雄茭或灰茭的种墩。

6.3.1.2　直立茎采集

秋季茭白采收进度达到 20％～50％时，采集已收获茭白的直立茎，在育苗田排种，繁殖种苗。

6.3.1.3　育苗田管理

茭白种苗高度低于 10 cm 时，育苗田畦面保持湿润；种苗高度达到 10 cm以上，基部覆盖稀薄泥土 1 cm～3 cm，畦面保持 5 cm～10 cm 浅水，并预防病虫害 1 次。气温下降到 0 ℃以下，应灌水护苗越冬，水层低于叶环。

6.3.2　定植

6.3.2.1　单季茭白

春季气温回升到 10 ℃以上，分墩或分株定植。宜宽窄行定植，宽行行距90 cm～110 cm，窄行行距 60 cm～70 cm，株距 40 cm～50 cm。每穴种 2 株～3 株基本苗，种苗根部入土约 10 cm。

6.3.2.2　双季茭白

6 月下旬至 7 月下旬定植，每穴种 1 株～2 株基本苗。宜宽窄行定植，宽行行距 100 cm～120 cm，窄行行距 60 cm～80 cm，株距 40 cm～60 cm。

6.3.3　间苗补苗

缓苗后，应及时补苗，避免缺墩。单季茭白或双季茭白秋茭，每穴保持有效分蘖株 5 株～10 株。双季茭白夏茭苗高 15 cm～20 cm 时，及时去除细弱、密集的分蘖株，每穴保持有效分蘖株 15 株～20 株。分蘖株宜均匀分布，以利于通风透光。

6.3.4　去杂去劣

应将田间不符合品种特征特性的植株、雄茭和灰茭连墩挖除。

6.3.5　清洁田园

及时中耕除草，清除田边、沟岸杂草；植株枯黄后，用茭墩清理机或人工方式齐泥割除茭墩地上部茎叶，运出田外集中处理。

6.3.6　促早栽培

适用于双季茭白。12 月中旬至翌年 1 月中旬，齐泥割除地上茎叶，施足基肥，间隔 2 d 后盖膜扣棚，可采用"棚膜＋地膜"双层膜覆盖，薄膜宜采用无滴膜。萌芽后冬春季节需经常通风降湿，加强炼苗。当棚内温度超过 25 ℃时，需揭边膜通风降温；白天最高气温稳定在 25 ℃以上时，揭顶膜。一般小棚在 3 月下旬揭膜，大中棚在清明前后全部掀膜。

6.4　肥水管理

6.4.1　肥料管理

根据土壤肥力和目标产量，按照"前促、中控、后促"的原则进行科学施肥。

茭白每个生长季节施肥 3 次～4 次，施肥时期分别为分蘖前期、分蘖中后期和孕茭期，根据茭白生长情况配方施肥，肥料使用按照 NY/T 496 的规定执行。

6.4.2　水位管理

按照"浅水促蘖、深水护茭、湿润越冬"的原则进行水位管理。

移栽及分蘖初期宜保持浅水位，分蘖中后期保持深水位。追肥和施药等田间操作时应控制在 3 cm～5 cm 水位，3 d 后恢复水位。

6.5　有害生物防治

6.5.1　基本原则

按照"预防为主，综合防治"的原则，根据病虫害发生规律，优先采用农业防治、物理防治、生物防治等技术，必要时科学精准使用化学防治。

6.5.2　农业防治

选用抗病虫性好的品种、科学肥水管理，结合中耕除草，及时清除枯（黄、病）叶、虫蛀株和卵块。

6.5.3　物理防治

6.5.3.1　迁飞性害虫成虫发生期选用频振式杀虫灯诱杀，分布密度按说明书执行。

6.5.3.2　螟虫成虫发生期用昆虫性信息素诱杀，分布密度和诱芯更换周期按产品说明书执行。

6.5.3.3　福寿螺可采用在田间插高出水面 50 cm 左右的竹片或木条引诱其产卵，插杆密度根据产卵多少增减，结合人工检螺摘卵进行防治。

6.5.4　生物防治

6.5.4.1　采用茭白田间套养殖鸭、鱼、鳖、蟹等模式控制茭白有害生物。

6.5.4.2　采用香根草、赤眼蜂防治螟虫。

6.5.4.3　采用丽蚜小蜂防治长绿飞虱。

6.5.4.4　茭白田边较宽路边和田埂边种植芝麻、波斯菊、向日葵等蜜源植物，引入害虫天敌。

6.5.5　化学防治

6.5.5.1　按照"生产必须、防治有效、风险最小"的原则，选择可使用农药。

6.5.5.2　应选用茭白上已登记的农药品种，见附录 A。

6.5.5.3　应按照产品标签规定的剂量、作物、防治对象、施用次数、安全间隔期、注意事项等施用农药。应交替轮换使用不同作用机理的农药品种。

6.5.5.4　农药配制、施用时间和方法、施药器械选择和管理、安全操作、剩余农药的处理等，按照 NY/T 1276 的规定执行。

6.5.5.5　农药宜选用水剂、水乳剂、微乳剂和水分散粒剂等环境友好型剂型。

6.5.5.6　茭白孕茭前一个月，针对锈病和胡麻叶斑病预防性施药一次，孕茭期慎用杀菌剂。

6.6　废弃物和污染物管理

6.6.1　生产地周围产生的所有垃圾应清理干净。

6.6.2　农药包装废弃物处理参照《农药包装废弃物回收处理管理办法》的规定执行，及时收集农药包装废弃物并交回农药经营者或农药包装废弃物回收站（点）。配药时应当通过清洗等方式充分利用包装物中的农药，减少残留农药，保存相关处理记录。

6.6.3　废弃和过期的农药应按国家相关规定处理。

6.6.4　肥料包装废弃物参照《农业农村部办公厅关于肥料包装废弃物回收处理的指导意见》的规定执行。

6.6.5　植株残体处理按照 NY/T 3441 的规定执行。

6.6.6　地膜和棚膜应及时回收处理。地膜残留量应满足 GB/T 25413 限值要求。

6.6.7　避免重金属、激素等化学污染物流入农田或污染农用水。

6.7　采收

采收时确保施用的农药已过安全间隔期。

宜在孕茭部位显著膨大、叶鞘刚开裂、露出茭壳 0 cm～0.5 cm 时采收。宜避开高温时段，在晴天的清晨或阴天等气温较低时进行采收。

6.8 分级

按照 NY/T 1834 的规定执行。

6.9 包装标识

6.9.1 卫生要求

应有专用包装场所，内外环境应整洁、卫生，根据需要设置消毒、防尘、防虫、防鼠等设施和温湿度调节装置。防止在包装和标识过程中对茭白造成二次污染，避免机械损伤。

6.9.2 包装材料

茭白直接接触的塑料薄膜袋、塑料箱及塑料筐等塑料类包装材料应符合 GB 4806.7 的规定。塑料薄膜袋宜选用具有防雾、防结露等功能的无滴膜。茭白外包装瓦楞纸应符合 GB/T 6544 的规定，内包装纸质塑料复合材料应符合 GB/T 30768 的规定。

6.9.3 标识

应当附加承诺达标合格证等标识后方可销售。标识内容应包含产品的品名、产地、生产者、生产日期、保质期、产品质量等级等内容。

6.10 储存运输

按照 NY/T 3416 的规定执行。

7 产品质量管理

7.1 合格管理

销售的产品应符合农产品质量安全标准，承诺不使用禁用的农药及其他化合物，且使用的常规农药不超标，并附承诺达标合格证等。

根据质量安全控制要求可自行或者委托检测机构对茭白质量安全进行抽样检测，经检测不符合农产品质量安全标准的茭白产品，应当及时采取管控措施，不应销售。抽样方法按照 NY/T 2103 的规定执行，茭白产品农药残留量应符合 GB 2763 的规定（见附录 B）；污染物限量应符合 GB 2762 的规定。

7.2 可追溯系统

生产批号以保障溯源为目的，作为生产过程各项记录的唯一编码，包括产地、基地名称、产品类型、田块号、采收时间等信息内容。

生产批号的编制和使用应有文件规定。每给定一个生产批号均应有记录。宜采用二维码等现代信息技术和网络技术，建立电子追溯信息体系。

7.3 投诉处理

7.3.1 应制定投诉处理程序和茭白质量安全问题的应急处置预案。

7.3.2 对于有效投诉和茭白质量安全问题，应采取相应的纠正措施，并记录。

8　记录和内部自查

8.1　记录

记录应如实反映生产过程的真实情况，并涵盖全程质量控制各环节相关内容。记录包括基地环境与基础设施、农业投入品管理、栽培管理、肥水管理、有害生物防治、废弃物和污染物管理、采收、分级、包装标识、储存运输、产品质量管理以及以下内容：

a)　环境、投入品和产品质量的检验记录；

b)　农药和化肥使用的技术指导及监督记录；

c)　生产使用的设施和设备定期维护、校验及检查记录；

d)　废弃物和潜在污染源的分类及记录。

所有记录保存期不少于2年。

8.2　内部自查

8.2.1　应制定内部自查制度和自查表，至少每年进行2次内部自查，保存相关记录。

8.2.2　根据内部自查结果发现的问题，制定有效的整改措施，及时纠正并记录。

附 录 A

(资料性)

茭白上允许使用的农药清单

茭白上允许使用的农药清单见表 A.1。

表 A.1 茭白上允许使用的农药清单

序号	农药类别	防治对象	农药通用名
1	杀虫剂	二化螟	阿维菌素、甲氨基阿维菌素苯甲酸盐、苏云金杆菌、氯虫·噻虫嗪
2		长绿飞虱	噻虫嗪、噻嗪酮、吡蚜酮
3	杀菌剂	胡麻叶斑病	丙环唑、咪鲜胺
4		纹枯病	井冈霉素、噻呋酰胺
5	除草剂	一年生杂草	吡嘧·丙草胺

注：此表为茭白上已登记农药，来源于中国农药信息网（网址：http：//www. chinapesticide. org . cn/hysj/index. jhtml），最新茭白登记农药产品情况适用于本文件，国家新禁用的农药自动从本清单中删除。

附　录　B

（资料性）

茭白农药最大残留限量

茭白农药最大残留限量见表 B.1。

表 B.1　茭白农药最大残留限量

序号	农药中文名称	农药英文名称	类别	最大残留限量 mg/kg	食品类别/名称
1	阿维菌素	abamectin	杀虫剂	0.3	茭白
2	苯醚甲环唑	difenoconazole	杀菌剂	0.03	茭白
3	吡虫啉	imidacloprid	杀虫剂	0.5	茭白
4	吡嘧磺隆	pyrazosulfuron-ethyl	除草剂	0.01	茭白
5	丙草胺	pretilachlor	除草剂	0.01	茭白
6	丙环唑	propiconazole	杀菌剂	0.1	茭白
7	甲氨基阿维菌素苯甲酸盐	emamectin benzoate	杀虫剂	0.1	茭白
8	咪鲜胺和咪鲜胺锰盐	prochloraz and prochloraz-manganese chloride complex	杀菌剂	0.5	茭白
9	噻嗪酮	buprofezin	杀虫剂	0.05	茭白
10	胺苯磺隆	ethametsulfuron	除草剂	0.01	水生蔬菜
11	巴毒磷	crotoxyphos	杀虫剂	0.02*	水生蔬菜
12	百草枯	paraquat	除草剂	0.05*	水生蔬菜
13	倍硫磷	fenthion	杀虫剂	0.05	水生蔬菜
14	苯线磷	fenamiphos	杀虫剂	0.02	水生蔬菜
15	丙酯杀螨醇	chloropropylate	杀虫剂	0.02*	水生蔬菜
16	草枯醚	chlornitrofen	除草剂	0.01*	水生蔬菜
17	草芽畏	2,3,6-TBA	除草剂	0.01*	水生蔬菜
18	敌百虫	trichlorfon	杀虫剂	0.2	水生蔬菜
19	敌敌畏	dichlorvos	杀虫剂	0.2	水生蔬菜
20	地虫硫磷	fonofos	杀虫剂	0.01	水生蔬菜
21	丁硫克百威	carbosulfan	杀虫剂	0.01	水生蔬菜
22	毒虫畏	chlorfenvinphos	杀虫剂	0.01	水生蔬菜

（续）

序号	农药中文名称	农药英文名称	类别	最大残留限量 mg/kg	食品类别/名称
23	毒菌酚	hexachlorophene	杀菌剂	0.01*	水生蔬菜
24	毒死蜱	chlorpyrifos	杀虫剂	0.02	水生蔬菜
25	对硫磷	parathion	杀虫剂	0.01	水生蔬菜
26	二溴磷	naled	杀虫剂	0.01*	水生蔬菜
27	氟虫腈	fipronil	杀虫剂	0.02	水生蔬菜
28	氟除草醚	fluoronitrofen	除草剂	0.01*	水生蔬菜
29	格螨酯	2,4-dichlorophenyl benzenesulfonate	杀螨剂	0.01*	水生蔬菜
30	庚烯磷	heptenophos	杀虫剂	0.01*	水生蔬菜
31	环螨酯	cycloprate	杀螨剂	0.01*	水生蔬菜
32	甲胺磷	methamidophos	杀虫剂	0.05	水生蔬菜
33	甲拌磷	phorate	杀虫剂	0.01	水生蔬菜
34	甲磺隆	metsulfuron-methyl	除草剂	0.01	水生蔬菜
35	甲基对硫磷	parathion-methyl	杀虫剂	0.02	水生蔬菜
36	甲基硫环磷	phosfolan-methyl	杀虫剂	0.03*	水生蔬菜
37	甲基异柳磷	isofenphos-methyl	杀虫剂	0.01*	水生蔬菜
38	甲萘威	carbaryl	杀虫剂	1	水生蔬菜
39	甲氧滴滴涕	methoxychlor	杀虫剂	0.01	水生蔬菜
40	久效磷	monocrotophos	杀虫剂	0.03	水生蔬菜
41	克百威	carbofuran	杀虫剂	0.02	水生蔬菜
42	乐果	dimethoate	杀虫剂	0.01	水生蔬菜
43	乐杀螨	binapacryl	杀螨剂、杀菌剂	0.05*	水生蔬菜
44	磷胺	phosphamidon	杀虫剂	0.05	水生蔬菜
45	硫丹	endosulfan	杀虫剂	0.05	水生蔬菜
46	硫环磷	phosfolan	杀虫剂	0.03	水生蔬菜
47	硫线磷	cadusafos	杀虫剂	0.02	水生蔬菜
48	氯苯甲醚	chloroneb	杀菌剂	0.01	水生蔬菜
49	氯磺隆	chlorsulfuron	除草剂	0.01	水生蔬菜
50	氯菊酯	permethrin	杀虫剂	1	水生蔬菜
51	氯酞酸	chlorthal	除草剂	0.01*	水生蔬菜

（续）

序号	农药中文名称	农药英文名称	类别	最大残留限量 mg/kg	食品类别/名称
52	氯酞酸甲酯	chlorthal-dimethyl	除草剂	0.01	水生蔬菜
53	氯唑磷	isazofos	杀虫剂	0.01	水生蔬菜
54	茅草枯	dalapon	除草剂	0.01*	水生蔬菜
55	灭草环	tridiphane	除草剂	0.05*	水生蔬菜
56	灭多威	methomyl	杀虫剂	0.2	水生蔬菜
57	灭螨醌	acequincyl	杀螨剂	0.01	水生蔬菜
58	灭线磷	ethoprophos	杀线虫剂	0.02	水生蔬菜
59	内吸磷	demeton	杀虫/杀螨剂	0.02	水生蔬菜
60	三氟硝草醚	fluorodifen	除草剂	0.01*	水生蔬菜
61	三氯杀螨醇	dicofol	杀螨剂	0.01	水生蔬菜
62	三唑磷	triazophos	杀虫剂	0.05	水生蔬菜
63	杀虫脒	chlordimeform	杀虫剂	0.01	水生蔬菜
64	杀虫畏	tetrachlorvinphos	杀虫剂	0.01	水生蔬菜
65	杀螟硫磷	fenitrothion	杀虫剂	0.5	水生蔬菜
66	杀扑磷	methidathion	杀虫剂	0.05	水生蔬菜
67	水胺硫磷	isocarbophos	杀虫剂	0.05	水生蔬菜
68	速灭磷	mevinphos	杀虫剂、杀螨剂	0.01	水生蔬菜
69	特丁硫磷	terbufos	杀虫剂	0.01*	水生蔬菜
70	特乐酚	dinoterb	除草剂	0.01*	水生蔬菜
71	涕灭威	aldicarb	杀虫剂	0.03	水生蔬菜
72	戊硝酚	dinosam	杀虫剂、除草剂	0.01*	水生蔬菜
73	烯虫炔酯	kinoprene	杀虫剂	0.01*	水生蔬菜
74	烯虫乙酯	hydroprene	杀虫剂	0.01*	水生蔬菜
75	消螨酚	dinex	杀螨剂、杀虫剂	0.01*	水生蔬菜
76	辛硫磷	phoxim	杀虫剂	0.05	水生蔬菜
77	溴甲烷	methyl bromide	熏蒸剂	0.02*	水生蔬菜
78	氧乐果	omethoate	杀虫剂	0.02	水生蔬菜

（续）

序号	农药中文名称	农药英文名称	类别	最大残留限量 mg/kg	食品类别/ 名称
79	乙酰甲胺磷	acephate	杀虫剂	0.02	水生蔬菜
80	乙酯杀螨醇	chlorobenzilate	杀螨剂	0.01	水生蔬菜
81	抑草蓬	erbon	除草剂	0.05*	水生蔬菜
82	茚草酮	indanofan	除草剂	0.01*	水生蔬菜
83	蝇毒磷	coumaphos	杀虫剂	0.05	水生蔬菜
84	治螟磷	sulfotep	杀虫剂	0.01	水生蔬菜
85	艾氏剂	aldrin	杀虫剂	0.05	水生蔬菜
86	滴滴涕	DDT	杀虫剂	0.05	水生蔬菜
87	狄氏剂	dieldrin	杀虫剂	0.05	水生蔬菜
88	毒杀芬	camphechlor	杀虫剂	0.05*	水生蔬菜
89	六六六	HCH	杀虫剂	0.05	水生蔬菜
90	氯丹	chlordane	杀虫剂	0.02	水生蔬菜
91	灭蚁灵	mirex	杀虫剂	0.01	水生蔬菜
92	七氯	heptachlor	杀虫剂	0.02	水生蔬菜
93	异狄氏剂	endrin	杀虫剂	0.05	水生蔬菜
94	保棉磷	azinphos-methyl	杀虫剂	0.5	蔬菜

＊ 该限量为临时限量。
［来源：GB 2763—2021］。

参 考 文 献

［1］　农药包装废弃物回收处理管理办法

［2］　农业农村部办公厅关于肥料包装废弃物回收处理的指导意见

主要参考文献
REFERENCES

陈建明，邓曹仁，等，2017. 茭白稳产高效绿色生产技术 ［M］. 北京：中国农业出版社.

陈建明，周锦连，王来亮，2016. 茭白病虫害识别与生态控制 ［M］. 北京：中国农业出版社.

郭伟，钟兰，王直新，2019. 菰（*Zizania latifolia*）研究及利用概况 ［J］. 长江蔬菜（24）：38－42.

胡桂仙，赖爱萍，毛聪妍，等，2023. 茭白全产业链标准体系构建研究 ［J］. 农产品质量与安全（1）：31－38.

胡桂仙，钱永忠，赖爱萍，等，2023. 茭白生产全程质量控制技术规范：NY/T 4327—2023 ［S］. 北京：中国农业出版社.

赖爱萍，何杰，刘岩，等，2023. 黄岩区茭白营养品质分析 ［J］. 浙江农业科学，64（1）：46－51.

赖爱萍，胡桂仙，朱加虹，等，2021. 鲜销茭白品质控制技术研究 ［J］. 农产品质量与安全（1）：83－88.

刘义满，柯卫东，2007. 菰米·茭儿菜·茭白史略 ［C］. 第二届全国水生蔬菜学术及产业化研讨会论文集.

罗海波，2012. 鲜切茭白品质劣变机理及控制技术研究 ［D］. 南京：南京农业大学.

苏嘉敏，2023. 中国菰米营养成分比较及熟制方式对其品质的影响研究 ［D］. 扬州：扬州大学.

王桂英，丁强国，2019. 茭白绿色生产技术 ［M］. 北京：中国农业科学技术出版社.

王惠梅，谢小燕，苏晓娜，等，2018. 中国菰资源研究现状及应用前景 ［J］. 植物遗传资源学报，19（2）：279－288.

吴松霞，邸海燕，韩延超，等，2019. 基于主成分分析的不同品种茭白品质评价 ［J］. 中国食品学报，19（7）：241－250.

翟成凯，孙桂菊，陆琼明，等，2000. 中国菰资源及其应用价值的研究 ［J］. 资源科学（6）：22－26.

赵帮宏，宗义湘，吴曼，等，2018. 中国水生蔬菜产业发展研究报告（2017）［M］. 北京：经济管理出版社.